用天生的能力理解和感知他人，并最终发现自己

·深·度·
共·情·力

I SEE MYSELF IN YOU

一沙·著

郑州大学出版社

图书在版编目（CIP）数据

深度共情力 / 一沙著. — 郑州：郑州大学出版社，2021.10
ISBN 978-7-5645-7933-3

Ⅰ.①深… Ⅱ.①一… Ⅲ.①情商—通俗读物 Ⅳ.①B842.6-49

中国版本图书馆CIP数据核字（2021）第123521号

深度共情力
SHENDU GONGQING LI

策划编辑	郜　毅	封面设计	子鹏语衣
责任编辑	郜　毅	版式设计	刘少雄
责任校对	孙　泓	责任监制	凌　青　李瑞卿

出版发行	郑州大学出版社有限公司	地　　址	郑州市大学路40号（450052）
出 版 人	孙保营	网　　址	http://www.zzup.cn
经　　销	全国新华书店	发行电话	0371-66966070
印　　刷	中煤（北京）印务有限公司		
开　　本	710mm×960mm　1/16		
印　　张	17.5	字　　数	234 千字
版　　次	2021 年 10 月第 1 版	印　　次	2021 年 10 月第 1 次印刷

| 书　　号 | ISBN 978-7-5645-7933-3 | 定　　价 | 52.80 元 |

人们的情绪有着可以相通的本质，共情是人们与生俱来的一种强大力量，只是人们对此了解得太少。

当今社会，人们将注意力集中于外在的事物，却忽略自身所具有的强大潜能，甚至把自己的情绪和生活搞得一团糟。我希望这本关于情绪和共情的书，可以帮助人们理清楚自己和周围的人所面临的情绪状况，从而创造出让彼此都舒适的和谐的关系。

共情，在中国台湾地区等一些地方，也被称为同理心。十多年前，我刚开始学习心理咨询时，共情作为一种咨询师的技巧进入我的生活，当时我们了解共情的重点更多的在于倾听和沟通的技巧方面。但是经历多年从事心理咨询的相关工作后，我更深刻地发现，共情并不仅仅在于倾听和沟通，更在于对整个人的调整。当我们使用共情的视角来看待世界的时候，就会发现我们的心态更开放了，对事物的认知也相应有了转变，共情是帮助我们不断提高自我和促进成长的一种有效方法。因此，我非常高兴能够有机会以这本书来向大家解释共情这种能力。

在现代都市生活中，我们的生活节奏已经变得非常快，快到甚至没有太多的时间来了解自己的情绪，我们甚至并不明白究竟什么是情绪，它们是怎么产生并影响着我们的生活的。

我们对于物质生活的欲望正以前所未有的速度增长着，我们的情绪能量不断被压抑和累积起来，对于个人的标榜和爱恨的浓烈达到了一种前所未有的状态。情商以及各种处理情绪的能力和方法也逐渐被心理学家所提出，并得到整个社会的重视，但是同样引起我们关注的是整个社会中处于心理亚健康状态的人正在不断增加。因此，我也希望这本书中对于情绪的描述能够帮助我们更好地去理解我们自身的状况。

也许有的人开始寻找宗教上的依靠，也许有的人开始参加心灵上的修行，也许有的人求助于心理咨询师，但是不论我们做的是怎样的选择，看上去是怎样的与众不同，真正的本质都是：我们需要去面对的是我们自身，以及自身所面临的各种问题。所以，共情的能力是一种急需去培养的能力，它不仅能够帮助别人，而且能够帮助我们自己，并且安全有效。

了解共情之前，我们需要了解什么是情绪。心理学上，认为情绪是一种我们自身对于外部环境的反应，包括依恋、恐惧、抑郁等，而根据情绪时间和外界刺激的不同，又分为心境、激情和应激三种主要的情绪状态。

我们会关注心境，因为心境并不是对于某一事物的一时的反应，而是在一段时间内用同样的态度体验对待一切事物。当一段时间我们都处于某一种心境之下的时候，那么心境就会直接影响我们的整个生活。

如果我们可以让自己处于愉悦的心境之下，那么自然能提高行为的动力；而如果是处于焦虑或者抑郁的心境之下，则会影响我们生活的方方面面。现在我们经常听到"抑郁症"，它已经是情绪心境障碍中一个被大家熟知的名词了，这就是情绪对我们生活的巨大影响。

激情在情绪状态中，指的是一种强烈的、爆发性的、为时较短的情绪状态，比如重大成功之后的狂喜、惨遭失败后的绝望、亲人突然死亡引起的极度悲哀、突如其来的危险所带来的异常恐惧，等等。当激情的情绪状态爆发时，我们常常无法招架，或悲伤到昏厥过去，或愤怒到伤害自己，或恐惧到不知所措，或争吵到失去理智、口不择言。事后我们甚至不知道这一切是怎么发生的，随着情绪而波动，我们甚至会迷失自我，更别提试着去控制情绪了。

我们常常会把应激状态和创伤后应激障碍（PTSD）联系在一起，是指我们面对突发的创伤性事件时的反应，比如地震、车祸等远超出我们接受范围的状况的反应。

对于自我的情绪有了一定了解之后，我们才能渐渐产生一种理解。因为情绪的相通性，我们的理解可以从自己身上进而扩展到身边的人，以至于陌生人的身上。当我们能够略微理解其他人的时候，自然就会产生更包容和更宽容的情感。

情绪有其自身的力量，当我们漠视它时，这种力量就会被压抑、抵抗，或者成为一种消耗，甚至可以成为一种身体疾病的征兆。随着科学的进步，我们在日常生活中常常能够听到关于心因性疾病的说法，包括肿瘤、癌症、冠心病、高血压、结石等疾病，都是目前已确认的心因性疾病。

如果，我们通过理解和共情，能够将情绪的力量进行转化，使其成为一种喜乐的源泉，进而影响和帮助别人，那么这种共情的能力必然会给整个社会带来更多影响，也必然会有更多人可以获益。让更多的人掌握共情的力量，也是我写这本书的一个小小的心愿。

整本书的内容从四个方面展开。在第一篇小故事中，我们会跟随不同的故事情节理解情绪体验，以及共情的不同应用场景。而在第二篇中，会用理解的方式去了解情绪产生的最根本原因，以及情绪是如何影响日常生活的。在第三篇中，我们会一起分享共情是什么，以及它是如何对我们的生活产生影响的，同样给予想要学习使用这种能力的人一些方法和建议。第四篇会针对一些别有目的的共情提出一些抵御和防备的方法，这样可以更好地避免情绪带来的伤害，让共情可以更好地守护我们的生活。

目录
Contents

第一章　共情是一种能力

第二章　读懂情绪才能更好地共情

第三章 共情的方法

第四章　通过共情自我保护

第一章

共情是一种能力

"共情"别人之前，需要先检视自己的情绪，否则他人的情绪很容易和我们自身的情绪记忆形成共鸣，或者增加愤怒，或者影响我们自身的情绪，这样都无法做到真正的共情和转化。

一　谁不希望被这个世界温柔以待呢？

我叫乔，38 岁。随着年龄的增长，我已经剪掉了我的大波浪卷发，换成了黑色的短发。我有一个被社会定义为幸福美满的家庭，我的先生亚历克斯是一个普通的技术工作人员，我的双胞胎儿子 7 岁了，已经进入了学校的学习生活。我依旧是一个心理咨询师。

我和我的老朋友们常常会有来往，我也认识了许多新朋友，我们在一起愉快地聊天，分享一些生活中的感悟，有悲伤，也有喜悦。我的来访者也越来越多，但因为写书的关系，我努力让自己每周的咨询时间控制在 20 个小时内，而这已经是一个非常勤奋的数字了。

让心理学中的一些技巧普及从而能够帮助到更多的人，是我一直想做的一件事情。而关于共情的部分，也是心理技巧中非常困难的一个点。我犹豫了很久，因为即使在嘴上说着"我真的可以理解你"这样的话，如果没有真诚的感受，也并没有什么作用。

当我刚刚开始做心理咨询时，心中就秉承着这样的理念：即使没有任何技巧，或者在咨询中不记得任何技巧都没有关系，但是咨询师一定要带着一颗真诚的心。我至今依旧记得那位来访者，虽然我们通常不会和来访者保持联系，但却在多年以后有缘与她在一次旅行途中重逢了。

她叫艾米，画着精致的妆容，在学生中显得成熟而与众不同。当时我还在学校的咨询室做志愿者，每星期有 5 个小时的咨询时间，而来访者大都是我的导师推荐给我的。

我和艾米同样第一次坐在学校的咨询室内，咨询室是按照心理咨询室的标准布置的，一组沙发组成转角，茶几上的一个瓶里插着一株向日葵，白墙上挂着一幅抽象风格的画，还有一个书架，零散地放着一些书。我对这个场景记得如此清晰，一定程度上是因为我当时的紧张程度并不亚于我对面的来访者。

我并不知道该怎么开场，说完"你好，请坐"之后，我们相顾无言。我开始努力思考该怎么开始，但是脑海中竟然一片空白，我曾经学习过的知识这时候竟然忘了个精光，随之而来的是各种怀疑和嘲笑的声音——"你完蛋了""你的咨询师生涯就此结束了""你果然不适合做咨询师啊""赶紧想想该怎么收场啊""你总要说点什么吧"……各种声音此起彼伏，而我完全不知所措。

"其实我是第一次做咨询。"我不知道自己怎么就开始胡言乱语了，但是话已出口，也只能坦白，"所以我有些紧张。"我向我的来访者坦白道。

"太好了。"艾米听我说完，明显松了口气的样子，"我也不知道该怎么说，但是听到你说自己是第一次做咨询，我好像没那么紧张了。"说完，艾米还调皮地笑了一下。

"所以，我们可以试着聊一聊，到底发生了什么。"看到艾米放松下来，我也放松了下来，一种自然的气氛在我们之间流转着，一扫刚才的紧张压抑和窒息感。

艾米深深地吸了口气，似乎接下来的话需要鼓起非常大的勇气。"我不知道该怎么说，"艾米边想边说，"就从怎么认识他说起？"

"可以啊！"我让自己专心起来，同时提醒自己，不论艾米接下来说的是什么，我一定要保持镇定，任何惊异都会破坏艾米的叙述。

"我是在参加一次公关活动时认识他的。"艾米陷入了回忆，"当时大家都叫他王总，听说他是那家公关公司的副总。我去的时候舞台还在搭建，但是要先彩排一次，所以就到得比较早，也就正好认识了这个王总。"

"后来我们开始交往，在一起了。"艾米花了很大力气说出了"在一起"三个字，然后继续说道，"不过他从来没有承认过我，但是我真的很喜欢他，也离不开他。"

我点点头，似乎能看到当时那个委屈的女孩子，我很想抱抱她，但因为咨询师的职业规范，我只是坐在她90度的转角处，看着她的侧脸。

"他结婚了，新娘不是我。甚至没有告诉我。"艾米笑了笑，有一种和她年龄并不相称的冷静和沧桑。"他不会告诉我的，他骗了我很多钱。"艾米继续说道，"同学们陆陆续续开始讨债，我也不知道该怎么办，我的生活变得一团糟。"

我还沉溺在张爱玲式"见了他，她变得很低很低，低到尘埃里，但她心里是欢喜的，从尘埃里开出花来"的浪漫情怀中，故事却已经画风突转了，我不禁又指责起自己。

"他是怎么骗你钱的？"我有点意外，自然地问道。

问完，我发现艾米的表情是冷漠抗拒的，显然她并不愿意多提。谁也不会愿意在一个八卦者面前谈论伤痛，我深深地懊恼着。

"对不起，我不是这个意思。"我非常后悔，所以自然地对艾米说道。

"没关系，我只是不太想说。"艾米看到我道歉，似乎也不再厌恶我了。

学校的咨询只有40分钟，我们简单地交流了一下彼此的感受，就约了下一次咨询的时间。

临走时，艾米对我说："我只是想找个人说说话。"

我说："好的。"

第一次咨询并没有出现我预想的痛哭流涕的场景，或者任何其他的情况。

隔天，我去见我的督导，每个咨询师在接触个案的同时，都会需要督导的指导和帮助，督导有时会对个案提供一些经验性的建议，有时也会针对咨询师的状态给予一些指导。

"感觉怎么样？" Miss 刘是我当时的督导老师，"第一次做咨询有什么可以和我分享的？"她是一位经验老到的咨询师，为人热情，让身边的人都能够信任她并很容易放松下来。

"有点糟糕。"我叙述了咨询过程中出现的几个问题、我的分心以及抓不住重点。

"至少那 40 分钟还算轻松，对吧？" Miss 刘鼓励我道。

"倒是并不难熬。但是，我很难和她共情。"

"她的经历太复杂了，我完全想象不出来。"我继续说道。

Miss 刘想了想说道："打破你们尴尬氛围的是你的坦诚吧，你告诉了你的来访者你真实的状况，从而建立了一个共情的氛围。"

"刚开始做咨询的时候，我们常常会有这样的困惑。" Miss 刘继续说道，"我们虽然没有办法把所有人的人生都经历一遍，但是我们可以做到尊重每一个来访者，对不对？我们也常常会遇到一些夸张的案例，或者更难想象的经历，但是不论怎么样，我们都要尽可能地去看到他们真实的样子。"

"他们真实的样子？"我不解地问道。

"是的，你要去听到他们的担心、他们的渴望、他们的梦想，这样你才能知道他们的恐惧，才能真正看到事情的真相。" Miss 刘继续为我解释道。

我在学习的时候，被教授了很多关于共情的技巧、共情式的倾听，现在是该展示这些技巧的时候了，但是我依旧沮丧地说道："在那个房间里的时候，我发现我太紧张了，甚至记不得我曾经学过的咨询技巧了。"

"没有关系。"听我这么说，Miss 刘继续安慰我道，"忘记那些技巧也没有关系，你要记得你的真诚。你的真诚一直都在你的心里，真诚不需要技巧，你天生就会，试着用你的心去感受她的心。"

在下一次见面之前，我一直在思考 Miss 刘的话——用我的心去感受对方的心。

艾米在第二周准时来了，这次她没有化很浓的妆，但依旧把自己打扮得新潮又漂亮。如果只是用心感受心的话，我觉得我可以做到，这样的认知让我也放松下来。

"这一周还好吗？"我引导性地问道。

"糟糕透了！"艾米说道。

"嗯，"我尝试引导艾米继续说下去，"愿意说说吗？"

"我想到今天要来这里，就很不高兴。可能，我并没有做好准备，把这个故事说出来，我觉得重新想一次，我都做不到。"

"那就不要逼自己，你一定被伤得很痛吧。"我没有被伤害过，20 多年的成长可以说一帆风顺，但我突然能感觉到，坐在我面前的这个女孩的痛苦。

艾米突然流下了眼泪，然后哭得无法停止，我把餐巾纸拿给她，等她慢慢平静下来。她好像一个做错事情的孩子一样，小声地说道："我不知道该怎么办了，我真的不知道该怎么办了。"

这是我第一次真正接触来访者情绪的波动，我尝试着让自己去理解她的无措和迷茫，或者还有更深的情绪。

"我一直被人追债，我不知道该怎么处理，再这样下去我可能就没有办法读书了。但是我也不能让家里人知道我不读书，我想了很多种办法，却不知道究竟哪种可以，我不知道该怎么办，也没有人可以商量。"艾米的情绪处于一种崩溃的状态，但是至少她愿意把她的恐惧说出来。

"你可以暂时不要把我当成一个咨询师，就把我当成一个帮你出主意的人，至少我可以保证我绝对不会害你的。"我试着去想我能为艾米做什么，我只希望做点什么。

"那个王总，他没有承认过我是他的女朋友，但我们确实是这样的关系，他也亲口说过我们会结婚，只是现在我还在学校里，他不想被他的朋友取笑，所以让我不要对外说。"艾米越说声音越轻，事到如今，她自己也并不相信这些话了。

"后来他说要创业，有一种新疆的红花籽油卖得很贵，我们要一起来做这个项目。做这个项目需要钱，我就开始帮他凑钱，前前后后，刷爆银行信用卡，还有向同学借的钱，已经欠了十几万了。他们都在催我还钱，但是我哪有那么多钱啊。

"之前其实都挺好的，他也常常和我说项目的进展，我们每周总会吃饭约会。后来我和家里人去日本旅游了一次，回来的时候他就不太理我了，我不知道发生了什么，我去找他，渐渐找不到了，他开始不接我的电话。后来我借我同学的手机打给他，他说让我不要再缠着他。我是不是太傻了？他怎么可以这样？"

我不知道怎么回答她，我想说是的，你太傻了，他就是个大骗子，但是我又说不出口。我们如果遇到这样的事，真的能比艾米更聪明吗？我并不敢保证，我想如果我是艾米的话，我并不想听别人说我傻。有时候我们以为同情一个人可以给他一些安抚，但是事实上却常常会伤害彼此间很不容易建立起来的关系。艾米告诉我她所遭遇的这些，如果我只是用同情的眼光来看待的话，那么可能会给她带来又一次的伤害。

我用尽可能平静的语气说道："这些都会过去的。一切都会好起来的。他的离开，也许就是一切都会好起来的开始，试着这样想想看，会不会更好受一些？"

"嗯，至少我们已经断得干干净净，彻彻底底了。"艾米想了想说道，"后来他未婚妻——就是现在的妻子——还给我打电话，警告我不要再纠缠他。我说他欠了我的钱，他未婚妻说我绝对拿不回来的，我什么证据都没有，我就是个傻子。"

"这简直就是一场噩梦，我到现在都不敢相信。"艾米想了想问我，"这些都是真的吗？"

"我们有时候不知道什么样的灾难会在我们身上突然出现，我们不知道我们的运气是不是可以一直很好，所有不幸发生的时候，对我们来说都突然得好像一场噩梦。"我想了想继续说道，"但这一切都会过去的，就好像噩梦终究会醒过来的。"

"我不知道该怎么办，这就好像滚雪球，虽然雪不下了，但是雪球却越滚越大。"艾米想了想说道，"十几万并不是一个小数目。"

她看了看我，说道："我想你也没有办法帮我吧！"

"嗯，"我诚实地说道，"实际的帮助可能真的没有办法，但是你愿不愿意试着分解一下这个问题？"

"分解一下这个问题？"艾米问我。

"我会思考一下，十几万的债务，哪些是急需偿还的，哪些是可以分期的，十几万对我们来说确实是个不小的数字，但是如果我们可以分开来看的话，也许也不用那么绝望，你说呢？"我试探地问道。

艾米沉默地思考了很久，慢慢说道："也许这确实是一个办法。我回去会好好想一下的，谢谢你。"

我很高兴艾米对我说谢谢我，这让我觉得我的咨询是有意义的，从一定程度上缓和了我的挫败感。我和Miss刘一起讨论这次咨询，她肯定了我的共情，她认为是我的诚实和真诚创建了一个有安全感的沟通氛围，从而打开了艾米的谈话。

同样，当艾米在述说时处于情绪非常激动甚至将要崩溃时，通过共情我发现了能够让她逐渐冷静下来的方法，从而利用我的思考和想法让她的情绪冷静下来，理智和思维又回来了。

Miss 刘特别提醒我："你如果学会了仔细观察自己和他人，就会发现自己和他人有很多的共同点，比如你不希望发生的事情，别人多数也不会希望的，比如指责或批评。"

"所以共情就是——我不希望被这样对待的话，就不要同样去对待来访者？"我接着说道。在与艾米的沟通中，我似乎略微摸到了一些共情的门道。

"是的，另外还有一个小小的秘密，"Miss 刘笑着说道，"你要记得，无论如何都要记得，我们每个人都一样，希望被温柔以待。"

"我们每个人都一样。"我重复道，"所以真正的共情是我们要明白，我们每个人都一样。"

"是的，"Miss 刘说道，"虽然我们经历的事情似乎完全不相同，我们做的决定因为我们的学历、文化、背景等原因而完全不一样，但正是因为我们内心最本质的希望是一样的，所以我们的共情才有了基础，这个基础就是我们都希望被温柔以待。"

"什么是被温柔以待？"我还是不甚了解。

"被温柔以待可以是各个方面，但很原则性的方面我可以给你一些启发，比如我们都希望痛苦可以减少，或者不要经历痛苦；我们都希望犯错的时候可以被宽容被原谅，至少不要再被指责了；我们都希望有梦想的时候被鼓励，不要经历太多挫折；或者，我们都希望得到快乐，有的人在乎外表，不希望衰老，有的人在意财富，不希望失去。"Miss 刘给我举例道。

我接着说道："我们都希望免于恐惧，希望自己勇敢。"

"非常好！"Miss 刘鼓励我自己思考。如果愿意去发现，我们就会知道与来访者有很多相似点，而对这些相似点的认识会帮助我们更好地理解来访者。

一周之后，艾米再来见我，明显高兴了很多。她说她把金额分成了必须偿还的和可以分期偿还的部分。必须偿还的部分，她向她的父母坦白了自己被骗的经过；而分期偿还的部分，她则开始打工，省吃俭用，一点点偿还。

而我因为知道了共情的秘密，似乎得到了一副能够看透一切本质的神秘眼镜，内心深处升起了一种镇定感。

艾米和我分享了她被父母大骂了一顿，但她的父母还是帮助了她，从她的语气中透出了一种轻松，她说："谢谢你告诉我，这些都是会过去的，痛苦也是会过去的，一切都会好起来的。虽然这些话我好像都知道，但我不知道为什么，你说的时候，又似乎有些不同。但无论如何，谢谢你。"

我后来常常记得那一句，我们都需要被温柔以待，在我自己最艰难的时候，这句话也常常鼓励了我。可以说，这是我的老师教会我共情的第一步。

很多年后在一次旅游的途中，我又遇见了艾米，她和她的朋友在一起，她是团队的领导者，而我只是出来看看油菜花，躲个清闲。

艾米很快在人群中认出了我，邀我晚上一起聚聚。她拿着那个地方特有的一种桂花酿制的甜酒，度数不高，入口香甜。我们在村边的院子里找了一个小板凳，没有灯光，夜空也黑得纯粹，抬头就是满天满眼的星星。

艾米突然说道："其实那个时候，我骗了你，也骗了所有人，更骗了我自己。我的钱不是被骗走的，是我和那个人在一起的时候，就这样不知不觉花完的。我自己心里很清楚，我终究骗不了我自己。对不对？"

她说完，转头看着我。

我也转过头看着她，说道："我们都一样啊，有时候会追求一些快乐，但是方法却不一定对，我们都会犯这样或者那样的错，但不论如何，亲爱的，相信我，我们每个人都值得被温柔以待。"

艾米转过头，眼泪慢慢流下来，她把头轻轻地靠在我身上。

多年来，她想要被原谅，可是真正不愿原谅的那个人是她自己啊！多年以后，共情的力量再次显现，她真正放下了内心的愧疚。不论如何，每个人都只是想要获得快乐而已，当我们真正了解了这一点的时候，就无法再说出指责的话语了。

共情从这时开始。

二　并不存在的设身处地

我们很早就学会了"换位思考"这个词语，生活中常常用它，所以我们总以为自己常常设身处地地为他人着想。

利奥坐在我面前的时候看上去特别苦恼，因为心理咨询师的身份，我的朋友们更愿意找我倾吐一些生活中的琐事。但他来我的咨询室，还是第一次。我喜欢在我的咨询室里见任何人，包括来访者或者我的朋友，我认为这里是一个安静、舒适而有启发性的地方。

利奥说他处理不好他和他爸爸的关系，最近一次的争吵在上周一爆发，当时双方都争吵得失去了理智，他和妻子带着孩子连夜从父母家搬了出来，"他连一个晚上的时间都不能给我！"

利奥述说的时候非常痛苦，因为父亲的酗酒，所以在我们这些朋友中利奥滴酒不沾。利奥常说你要么成为和他一样的人，要么成为和他相反的人。他曾经看完了美剧《犯罪心理调查》，然后调侃地对我说："我觉得我比你更了解那些变态杀人狂。"

我给利奥递了一杯热茶："我今天带了耳朵过来，如果你想说什么，我也可以听一听。"

"不笑话我？"利奥迟疑了一下，还是问道。

"保证不会。"在朋友面前倾吐确实比在陌生人面前倾吐更困难，内心会有更多的担忧来阻止我们说出事实的真相。

"其实，现在想起来，又似乎真的没有什么。"利奥以这句话作为他叙述的开场，"前两天他喝劣质的高粱酒，我还陪他一起喝，喝了三天，我觉得自己要死了。"

利奥似乎在述说一件完全不相关的事情，有些前言不搭后语，而多年倾听的经验让我知道，这个时候利奥在释放自我，我需要做的，只是倾听，专注地倾听而已。

"后来，看他就快喝完了，我就给他买了1000多元的好酒，我想着他戒不掉喝酒，那至少喝的酒好一点。"利奥继续说道，"酒还在快递的路上。"

"其实你以为有什么事情吧，实际上什么事都没有，他就突然像发疯了一样骂我。"利奥说道，"我在教小孩子做作业，然后大声骂了他几句，他真的是被爷爷奶奶宠坏了，已经一年级了，一做作业就哭。英文4个单词我教了4个小时，4个小时我都没骂人，换了别人早就骂人了。"

"嗯，我可能也没有这么好的耐心。"我想了想，认真地说道。一般情况下，男人的情绪更稳定一些，但也更容易压抑。

"当时他就冲了过来，喝得醉醺醺的，要教小孩子。我也让他教了，他还在那里不依不饶地骂我。其实本来没多大事，结果我妈又去找邻居过来劝，邻居来了他骂得更起劲，最后就一发不可收拾了。我确实没有控制好自己的情绪，但是我也不可能一直让他那样骂我啊！真的不是一次两次，一天两天，你知道吗？是每天，每天喝完酒就这样，以前早晨起来，酒醒了就好点，现在到了早上，酒也醒不过来，还是一副醉醺醺的样子。"利奥的情绪非常委屈，快40岁的人了，像个希望得到大人认同的小男孩，委屈又倔强。

"你知道我在说什么吗？"利奥突然问我，"你家里没有发生过这些事情，我想你是不会明白的。"他想了想又说道。

"你不用在意我是不是知道你在说什么，但是说出来的时候，会好受一些。我想这些话，可能也没有别的地方可以说，对不对？"我对利奥说道，"我会认真听你讲。"

"本来也就算了，我妻子回来了，邻居们也都回去了，我们在孩子的房间待着，我也渐渐平复了情绪，然后他又冲过来，一定要赶我走，说什么我们不走他就会短命，他都这么说了，你说我怎么还能待得下去？"利奥在寻求我的认同，不论他做了什么，都希望得到我的认同。

"你当时的感觉是什么呢？"我提出问题，身体略微前倾，这样的姿势更有助于我集中注意力去倾听，也能让叙述的人知道我在认真听他说。

"我感觉被逼到了墙脚。已经无路可退了，但是他还是要冲过来。"利奥想了想说道。

"冲过来干吗呢？"我问道。

"他冲过来逼我走，他冲过来打我，他冲过来看着我……他不肯罢休。"利奥的情绪变得很激动。

我看着利奥，尽可能地感受他的恐惧、他的愤怒，让我的眼神尽可能地温柔，一直到他能从那个情绪的风暴中脱离出来。

"他是一个不负责任的人，他在那里骂我没出息，然后说我读书不好，连份工作都找不到，还要他给我介绍工作。"利奥沉浸在他的叙述中，窗外突然刮起了很大的风，风声拍打着窗户，似乎要冲破一切，似乎要打断这难得的平静时刻。

"我的工作是在工厂打螺丝钉。连我妈妈都说那份工作不好，而我整整做了 3 年。"利奥陷入一种遥远的记忆，"我们这一代的人，很少真正做过工厂的工人吧，我明明大学毕业，就因为相信他，结果被安排去做了工人。"

"工人并没有什么，他竟然还骂我说我偷懒，没有他连一份工作都找不到。"利奥看着我，"我的人生就偷了这一次懒，就这一次。"

"可是那个时候我大学刚毕业，又懂什么，我又有什么错！"利奥的声音越来越轻，轻到似乎是在喃喃自语，"我周围的人不也都是这样啊。"

这个过程我并没有打扰他，只是静静坐在那里，不发一言。我不是一个聪明的人，人们常常迫不及待地说话，想发表自己的意见，自认为可以帮助到别人，但幸好我从来不是一个聪明人。

我给利奥泡了一杯热茶，等他渐渐恢复过来，情绪缓和了一些。争吵就像一场狂风暴雨，哪怕事后回忆都会有一种精疲力竭的感受，情绪起伏之后总是一种深度困倦，显示能量已经被耗尽。

"我其实很难真正了解你所说的，"我坦然地对利奥说道，"但是我努力把自己放下，尽量听你在说什么，听到你说的原原本本的意思。"

"我们常常说设身处地地换位思考，但是其实实在是太难了。"我继续说道，"就好像我很难理解到你正在经历的。"

"谢谢你这样说。"利奥说道，"而不是自以为是地评价这件事，那样的话，我可能会觉得被冒犯了。"

刚刚开始学习共情的人，常常以为说"我理解你"，或者"你说的这些我都懂"，就是一种共情，而事实却相反，因而会感觉根本摸不着共情的方向，那是因为他还并不能真正明白，我们每个人都是存在局限性的。

共情是一种理解，而理解的第一步恰恰是需要我们知道：我们每个人，因为不同的背景、不同的教育、不同的经历，所以我们看待问题都是带着自己的角度，而很难真正做到理解另一个人。

我们所谓的换位思考其实也只是站在自己的立场上想象出来的对方的角度而已。只有理解了这一点，我们才能真正放下自身，学会倾听，才有可能不带自己评论，去听到对面的人在说些什么。

甚至有时候我们只花了一半的心在听，而另一半的心在想着，一会儿我该说些什么来显示我能够理解你的意思，我们自己都无法察觉到有时候我们是那么迫不及待地想说："好了，你讲的我都知道，接下来听我来说吧。"

这些都是共情最大的障碍，这些障碍是因为我们不够谦虚，我们从来没有意识到过，我们自以为知道的，其实只是众多的可能性中的一个，是一个更巨大的整体中非常小的一部分，如果我们对于那个更深刻、更宽广、更辽阔的整体有一些认知的话，那么我们就会变得更谦逊，而我们的共情也会更顺利地展开。

"我很认真地在听你说。"我对利奥说道。

"谢谢你。"利奥喝了口热茶，缓了缓继续说道，"我发现我恨他，这个很可怕。你见过有人会恨自己的父母吗？"

"见过，而且很多。"我实话实说。

"很多？"利奥问我。

"因为我们终究并不能真正理解另一个人，不是吗？"我说道，"就好像我们无法真正理解父母，而父母也无法真正理解我们。我们总是用自己以为对的方式对待对方，不是吗？"我试图引起利奥的思考，哪怕换个角度来看待这件事情的某些方面，当我们沉溺在某种情绪之中的时候，我们会把所有的注意力都集中在我们受到的委屈上而忘记了其他的可能性。

"其实那天，把我逼疯的点在于，我觉得他毁了我的一生，而他竟然还要我感激他。"利奥沉默了一会儿，继续说道，"那个是我曾经最信任的父亲。"

"你觉得荒唐吗？"利奥问我。

"听上去有一点，我们每个人都有这样或那样的一些痛点，是不能碰触的。"我理解地说道。

"在我小学二年级的时候，我们全家都被我奶奶赶出来了，然后就到处搬家，居无定所。"利奥继续说道，"那天太晚了，我们临时在朋友一个闲置的小房子里度过了一晚上，突然觉得一切都是轮回，因为我妻子和我母亲相处得很好，并没有那种不可调和的矛盾，所以我家老爷子亲自上场，一定要把我们赶出去。我家的小孩子现在正在上小学一年级，我很怕对他会有影响，看到自己的爸爸这样和爷爷吵架。"

"那天晚上我也想了很多，"利奥继续说道，"我不希望历史重演。你们心理学里不是有很多家族命运的传递吗？一代代，总是逃不过一些怪圈，最后走向相通的命运。"

"没有什么命运轮回。"我笑着安慰他，"你相信我说的吗？没有什么命运的轮回。"

"那么是什么？"利奥问我。

"我也并没有答案。"我实话实说，"但是情绪是会传递的，可能是你所谓的那种影响，或者说情绪是有记忆的，同样一件事情，我们每个人面对的时候情绪反应是不同的，或者反应的强度是不同的，这种不同的可能性是因为我们有着不同的情绪记忆。"

"你的意思是说，我的那个不可碰触的点，来自我的情绪记忆？"利奥试图理解我所说的话。

"你觉得呢？"我不答，反问他。

"其实一开始，他说要教小孩的时候，我是抱着一点看笑话的心态的，我想着他要教就教吧。"利奥想了想说道，"真正开始吵起来，也是从他骂我没出息开始的。"

"你说我怎么没出息了？"利奥问道，"我努力工作，再不济我靠着自己找了份能养活家人小孩的工作。我照顾小孩，我对人问心无愧，我怎么就没出息了。"

记忆中的利奥一直是个非常能干的人，管理了一个小工厂，虽不能算成功人士，但也并不是那种在家没有工作的啃老族，没有出息的话确实有失偏颇。

"什么才是有出息？"利奥问我。

"我们每个人对于成功的定义都不相同。"我说道，"有的人会认为事业有成就是一种成功，有的人会认为家庭和睦、其乐融融就是一种成功，有的人会认为一辈子问心无愧就是一种成功了，因为这些并不容易做到。"

"所以我们只能讨论我们自己认为的成功，而成功并没有一个标准答案。"我想解释道，"如果有标准答案的话，也许事情就简单了，对吗？"

"是的，从很小的时候，他就一直认为我读书不好，没有出息。"利奥想了想说道，"那么多年来，他的想法根本没有改变过。"

"他眼中的有出息就是班级里考试第一，让他在朋友面前可以炫耀。"利奥似乎突然明白了这一点，明白过来的他反而好像松了一口气。

"所以我毕业的时候，他不会为了我的工作去操心，有个工厂的工作，就让我去做工人，因为在他的眼中我一无是处，没有出息，让他丢脸。"利奥恍然大悟的样子，似乎被自己的想法震惊到了，"那么多年我为这个家付出的所有，从来没有改变过一点点他对我的看法吗？"

"所以他是在觉得我没有资格教育我的小孩吗？"利奥不仅仅是震惊，甚至开始愤怒起来，"所以一切竟然是这样的？"利奥不可置信地看着我，我能感受到他的愤怒如同惊涛骇浪一般涌来。

"你觉得呢？"我问他。

"我的小孩也成绩不好，所以他拼了命说我不教小孩，我每天有3～4个小时都在辅导小孩功课，一年级的功课，我自己教难道不比送出去上那些补习班更好吗？所以他从心底觉得我是教不好小孩的。"那些过去怎么也想不明白的事情，利奥突然间似乎都明白了。

"所以并不是我不知道，只是我不愿意去承认和相信，我的父亲是这样看待我的，对吗？"利奥问我道。

"所以我常常说，真正的设身处地太难了，"我安慰利奥道，"不只是你，每个人都以为自己可以设身处地为别人着想，但其实都离不开我们自己的假设。"

我们有太多预设的立场，什么样的答案我们可以接受，而哪些我们并不能，当我们放下我们内心预设的立场，开始专心倾听的时候，我们会发现对我们倾诉的人在逃避什么，或者是什么在遮蔽他看到真相。

"是不是有一点受伤的感觉？"我问道。

"说没有是不现实的，但我发现知道了这一点，并没有让我太痛苦，我反而有一点理解我的父亲了。"利奥想了想说道，"我可以给你讲讲他的故事吗？"

"当然可以。"我说道。

"我的父亲是'老三届'，只读到初中文化，后来就去当兵了，当兵回来分到了一个政府机构，当时这份工作需要有大学的学历，他引以为傲的故事就是他自学了高中的课程，然后考上了大学。他一遍遍地说这个故事，其实他是在说，有出息就是像他一样，只有这一条路。"利奥想了想说道，"所以我的人生和他不同，他就认为我是个失败者，这不是很荒谬吗？"

"是很荒谬啊！"我附和道，"但是人，不常常这样？"

"所以一个白手起家的父亲，就会觉得儿子必须靠自己白手起家才是有本事？"利奥语气揶揄地说道。

"有一些人确实这样。"我附和道。

"哈！"利奥表示无语，感到荒唐或者其他一些情绪，但比之前的愤怒要平静了许多。

我们的很多负面情绪来自我们的不理解，当我们对事情多一分理解的时候，当我们开始共情的时候，理解本身就会有一种巨大的力量，将负面情绪平复，理解中包含着更深广的接受和宽容。

"所以每一次他在骂我没有出息的时候，其实只是那个荒谬的刻板印象在咆哮。"利奥又一次确认道。

"所以我一直希望的，竟然是这个刻板印象的改变。"利奥不可置信地说道，"所以我竟然一直在受伤。"他看着我。

"所以，是谁在受伤呢？"我温柔地问他，"父亲的一句没有出息，有那么大的力量可以伤害你，真的是这样吗？"

"你这么说，我想起来了。"利奥想了想说道，"可能是从小他一直说我没出息，他是那么高高在上的成功的爸爸，而我和妈妈是常年在家里，得不到重视的。也许，我一直在追求的无非就是他的认可，从小到大，他从来没有称赞过我，哪怕一次。"

"这也很荒谬，对不对？"利奥指了指自己，说道。

"不会啊，我们都是这样的。"我说道。

"希望得到别人的认可，这本身没有什么错，只是得不到的时候，我们会变得愤怒。"我解释道。

"所以那天吵架的我，并不是当时被骂没出息的那个人，而是记忆中所有的情绪都在那一刻爆发了的那个人；而吵架的他，还是几十年前指着学习不好的我骂没出息的那个人？"利奥似乎能体会到什么。

"你有没有一点点觉得，你不是他说的那个样子？"我引导他继续想下去，而不要仅仅停留在这里。

"我当然不是他说的那个样子。"利奥自然地说道。

我们每个人都需要共情，是因为共情可以帮助我们真正认识到自身，我们有我们的强项也有我们的不足，共情会让我们建立起自己的评判标准，而不会陷入过度骄傲或者过度自卑的陷阱中。共情让我们知道我就是我，而不是任何人眼中的样子，这就足以提供我们所需要的力量了。

"有没有在一个瞬间，你会觉得你父亲其实挺可怜的？"我继续问道，"没有一个父母是不爱自己的孩子的，但是对于他来说，却只能看到过去，连睁开眼看看现在的你都做不到。"

利奥陷入了某种思考，而我继续说道："可是你现在已经长大了，已经那么棒，有自己的孩子和家庭，而这些他没有办法看到，没有办法为你骄傲，这并不是你的过错，却真的是他的损失，不是吗？"

"我突然发现，他已经老了，老得都糊涂了。"利奥沉默了很长的时间，他的眼眶有些湿润，"这个星期我们虽然回去了，但是我心里一直非常有芥蒂。我们互相避开见面，减少摩擦，但是我突然发现我完全没有必要这样。"

利奥喝了口水，似乎做了什么决定，他说道："我不知道该怎么说，但是我似乎能够不仅仅站在我的立场想这件事了，我也似乎能理解到他的想法、他的痛苦了。我不知道这是不是真的，但是我感觉到一种温柔的力量，让我不那么受伤了。"

利奥继续说道："我觉得语言没有办法表述我的感受，但我确确实实不再怨恨了，甚至有些怜悯他，想为他做些什么。"

"可以什么都不用做。"我提醒道，"你现在略微可以共情你的父亲，不用着急去改变什么，而是记住这种感觉，这种力量，当你再面对他的时候，一切的改变会自然而然发生，不用去刻意做任何事情，好吗？"

"谢谢你！"利奥真诚地说道，"所以这就是真正的设身处地、换位思考之后的神奇力量吧。"

送走利奥之后，我想到了我自己的一些经历。我们和父母之间的关系，常常是细腻而又特别的，如果我们多一些共情的技巧，或者说，多一分真诚，多看一看眼前真实的人，看看他们的情绪，而不是只活在自己的世界里的话，那么一切都会好很多吧。

真正的设身处地是如此之难，以至于我们误以为并不会真正存在，或者觉得随便替对方想一下就是换位思考了。接下来我还想讲讲我是怎么发现这件事的。

和我熟悉的朋友都很羡慕我有一位对我非常体贴的婆婆，我们不仅没有别人说的婆媳问题，而且她对我的照顾有时候甚至超过我的亲生父母，而这一切的变化都是从我领悟到真正的换位思考之后发生的。

在我刚结婚的前几年，我常听我婆婆说她哪里都不喜欢去，三十多年没有进过一次商场，这样的情况是我不敢想象的，所以我总是鼓励她，多出去转转，不要整天闷在家里，而她也只是温婉地接受我的好意。

我们客气而平静地相处着，我只是弄不明白，她为什么不愿意出门呢？宁愿在家坐着也不去地铁几站路之外的商场，或者公交车一两站之外的公园，为什么不找她的朋友聚聚喝个下午茶,或者唱一个下午场特价的卡拉 OK 呢？她是喜欢唱歌的，我也常常听她跟着电视里的音乐哼唱，逢年过节的时候也会和家里亲戚一起唱个卡拉 OK 什么的。

我设身处地站在她的角度，想了几百种可能性——可能没有那么多——但是我确实想了很久，并没有任何合适的答案。

一直到我怀孕，因为怀了一对双胞胎又有流产的风险，所以几乎从知道怀孕开始就卧床休养，一直到生完孩子。等我再出家门的时候，我突然发现整个世界都变了，这个城市的地铁从 5 条变成了 13 条，连商场里的品牌都换成了我不认识的，甚至街头的奶茶都换了新口味。

我第一次真正感受到了巨大的惶恐。我不愿意出门，不愿意面对这个对我来说非常陌生的世界，除了家门口那几个超市和饭馆，一个人坐地铁对我来说都成了一件难以承受的事情。

在这一刻，我才明白，根本没有什么设身处地，哪怕我们放下一点点我们的立场，事情的另一面就会向我们铺开，我们就能看到更多的可能性。

从那以后，我会发自内心地带我婆婆去商场吃饭，陪她逛街，带她出去旅游，因为我知道这些事情她一个人真的做不了。

共情这种能力，让我的生活发生了巨大的变化，而我们如果想要掌握共情这种能力，我觉得就要从认识到我们很难去设身处地为别人着想开始。如果我们想要设身处地为别人着想，那么唯一的办法就是放下我们自己预设的那些立场，试着去感受对方当下的情绪和反应，用心去了解对方的想法和感受。

三 真诚面对我们当下的情绪

莉莉带她妈妈来见我，是因为她妈妈已经第三次去医院检查了，她妈妈坚持认为自己得了很严重的病，而检查的结果都是好的，但是莉莉的妈妈坚持认为自己有病，还要去检查。

正当莉莉手足无措的时候，有人建议她带妈妈来做一下心理咨询，她妈妈的情况通过心理咨询可能可以缓解一些，这就是莉莉母女来见我的前因。

我给她们倒了两杯水，莉莉的妈妈开始问我做咨询贵不贵，我告诉她，是在她的女儿可以负担的范围内的，然后她说她并不需要这样的咨询。

莉莉插嘴说道："但是我也不可能一直有时间，陪着你到处看医生和做癌症的检查，对不对？短短3个月，癌症的检查已经做了2次了。"

"那我自己去呀，我又不要你陪着我去的咯。"莉莉妈妈倔强地说道，"我有病总归要去查去治的咯，不然怎么样啦，不管它啊。"

我很少会在面对来访者的时候分神，但是面对眼前的这对母女，我有一瞬间有点分心，我发现这样的互相关心，虽然是用抱怨的方式表现出来的，但是却很真实。

我笑着打断了莉莉想要继续要说的话："今天，我和阿姨聊聊天。"

"哦。"莉莉识趣地不再多说。

"阿姨，生活里你觉得有什么不开心的事情，他们做得不好的，你都可以说说的。"我和阿姨拉起家常。

"没什么不好的，就是这个女儿，都那么大了，也没找个正经人家嫁掉，总不能一直在家里的吧，你说是吧。"莉莉妈妈开始直接数落起莉莉。

"还有就是啊，那么大的人了，也没有一份正经的工作。你说我操心不操心？"莉莉妈妈说道。

"我现在的工作挺好呀。"莉莉忍不住说道。

"现在是挺好，以前呢？跟着以前那个老板的时候，几年都没有收入，都是我养着你的。"莉莉妈妈继续说道。

"那个时候至少我也学到了很多。"莉莉解释道。

"你说的那些学到的，我们觉得不值，不值这几年的时间。"莉莉妈妈非常痛心地说道。

"你说是不是？"莉莉妈妈转而向我找帮手，"她白白帮人家做了几年，连工资都不拿。"

"那确实有点说不过去。"我附和道。

"是呀，都是我帮衬她，怕她没钱吃饭，给她钱花。"莉莉妈妈继续说道。

"妈妈，很不容易哦！"我对着莉莉说道。

"是不容易的呀，你说是吧，把这个女儿养到那么大了。"莉莉妈妈继续说道。

"是的，是的，阿姨你真的很不容易。"我真心说道。

第一次咨询在普通的聊天中结束了，我们都没有提起莉莉妈妈的病症。只是陪她说了说话，听她说了说话。

第二次是莉莉自己来咨询室的，她说她妈妈觉得太贵了，而且并没有什么作用，但是莉莉感觉她妈妈离开咨询室以后，紧张的情绪消失了，原先紧锁的眉头也舒展了，所以她认为心理咨询还是有效果的。

"我能做什么帮助到她吗？"莉莉很紧张地问我。

"你觉得你妈妈有什么问题？"我反过来问莉莉。

"她身体肯定没有问题，已经检查好多次了，但可能是心理上的问题吧。"莉莉想了想说道。

"第一次她怀疑自己得了癌症，然后查出来不是的，做了一个彻底的全身检查。"莉莉想了想说道，"第二次她又怀疑自己是淋巴系统的什么病，医生又彻底检查了，不是的。现在她又怀疑自己得了什么绝症，一定要去查，她就是觉得自己有病。"莉莉紧张地说道。

"那么你呢？"我问道，"你觉得她有病吗？"

"这也是一种疾病吧。"莉莉想了想说道，"所以，我一直告诉她，她没有病，不用去查，但是我自己的心里认为她是有病的？"

莉莉很聪明，思维敏捷，反应迅速，举一反三，但我有时候发现她太敏感了，只要稍微给她一点提示，她就会有两到三个答案出现，然后等你的肯定，哪个更准确。

"所以是我一直在给她暗示吗？"莉莉问我。

"说说你妈妈给你的感觉吧。"我说道。

"我妈妈是世界上最好的妈妈啊，她是最疼我的。我外婆也是最疼我妈妈的，可能是因为这个原因吧，所以我妈妈其实是很嫌弃我奶奶的。"莉莉想了想说道。

"我有时候在想，不知道我结婚以后会不会也像我妈妈一样，嫌弃我婆婆。"莉莉说着摇了摇头，"不过我还没有男朋友，也不用想这些。"

莉莉看着我，我鼓励她说下去："还有呢？"

"还有就是妈妈有时候会和爸爸吵几句，我不喜欢我爸爸，从小就很怕他，他很苛刻。"莉莉想了想继续说道，"他们吃完饭为了谁洗碗这种事情都会吵起来，所以我现在不想听他们吵，就干脆我洗碗好了。"莉莉停顿了一下继续说道，"这些都是生活中的小事情，我觉得他们还是很恩爱很幸福的。"

"真的吗？"我问道。莉莉妈妈的症状有些像疑病症，但我听莉莉的描述以及我上次见她妈妈的感觉，我觉得她妈妈并不是，而更像是需要别人的关注或者因为某些原因的紧张，或者暂时性的焦虑情绪都有可能，并不能很快就下定论。

但是坐在我面前的莉莉，情绪明显一直处于某种紧张的状态中。心理咨询的时候，常常也是来访者日常状态的一种投射，而咨询师常常会接受来访者的移情，从而更好地了解来访者在日常生活中的人际关系，换句话说，作为咨询师的我感受到的来访者的状态，往往也是来访者的家人或者朋友会感受到的。

"你看上去有点心事。"我试着引导莉莉说话，就问道，"你在担心你妈妈的病情吗？"

"嗯，我很担心她的病。"莉莉想了想说道，"我觉得我没有办法接受她离开我这件事，连想一想都做不到。"

"我好像总是这样，"莉莉自言自语道，"我小时候去新加坡交流读书，那时候只去了一个星期，但是走的时候也大哭了一场，我很难接受离别，和对我好的人分开。"

"我以前谈过一个男朋友，后来突然分手了，他对我真的很好，那么久以后，我只记得他的好，我很想问问他为什么突然就走了。"莉莉看着我，有些恍惚。

"现在那么多人都结不了婚，"莉莉想了想又说道，"其实我觉得我是结不了婚的那种人吧。"

"不会的，"我说道，"因为没有本来就结不了婚的那种人存在啊！"

"真的吗？"莉莉问我的时候，眼睛里好像有光，又有点高兴。

"其实，之前有个男孩子对我很好，特别好。"莉莉想了想说道，"可是我们没有在一起，我也不知道是为什么，可能有一些什么原因吧。"

"什么原因？"我问道。

"我不知道怎么面对别人对我那么好，"莉莉想了想说道，"也很怕有一天万一分开的话，那会多么伤心啊……"然后就是很久的沉默。

我打开音乐，以很轻的声音放着，我问莉莉，要不要做一组放松的练习，大概 5 分钟左右。

"好呀，"莉莉想了想说道，"我也很想试试。"

"好的，这个放松的练习是我非常喜欢的。"我对莉莉说道，"你只需要跟着我的话语就可以，我们先试着深呼吸，深深地吸气，然后慢慢地呼气，我们试着把注意力集中在呼吸上，跟着呼吸深深地吸气，所有的快乐都跟着呼吸来到我们的身体中，我们的肺部打开，这样可以有更多的空间吸气，然后我们慢慢地呼气，把我们的紧张、烦恼、不愉快都随着呼气慢慢呼出。

"跟着呼吸，没有什么好担心的了，你工作了一天，现在所有的工作都已经完成了，你现在什么都可以放下，不用担心任何事情。只需要静静地呼吸，深深地吸气，然后慢慢地呼气。"我轻声说着，大概 5 分钟后，我叫醒了莉莉。

"感觉怎么样？"我问道。

"很放松，"莉莉想了想说道，"有一种疲倦，我突然发现我之前一直都处于一种紧张和亢奋的情绪里。我不知道怎么回事，做完这个放松练习之后，我突然觉得自己很放松，很疲倦，好像紧绷的橡皮筋终于可以松了下来。"

"如果我们一直处于一种紧张的情绪中的话，就像你说的橡皮筋，是很容易崩坏的。"我解释道。

"嗯嗯，是的，我知道。"莉莉想了想说道。

"你是怎么评价你自己的？"我看莉莉略微放松下来，就继续问道。

"评价自己？"莉莉似乎从来没想过这个问题，"我没有想过这个问题。"

"那现在想想。"我继续说道。

"我以前其实一直觉得自己很聪明，也挺骄傲的。"莉莉想了想说道，"但是后来我遇到了一个老板，她很强势，也常常说我笨，渐渐我就不那么自信了。我很怕自己做得不好，被她赶走。"

莉莉像是鼓足了勇气般回忆道："记得有一次，我们给客户寄产品，有一张贺卡我忘记放在里面了，然后老板就在那里骂我，说客户丢了全都是我一个人的错。可能我一直在这样的情绪下工作，自己也没有发觉吧。"

"你很好，但是你要学会保护自己。"我看着眼前的女孩，衷心地祝福她，听她一路走来的事情，会感觉很累很辛苦，明明每个人都值得被好好对待啊，她就这样坐在我面前，但是我知道，即便这样辛苦的过去，说出来的时候也会好很多。

"那个老板，对你总是有很高的要求吗？"我问道。

"什么是很高的要求？"莉莉问我，我无法回答她。

"比如，有一次，我提到一个我喜欢的男孩子，她就说那个男孩子喜欢的女孩子是另一个，然后就问我是不是吃醋了，我说是，很难过。然后她就说让我好好想想，我为什么会吃醋，我不应该嫉妒那个女孩，我是那么糟糕，不配嫉妒一个不认识的人。"莉莉想了想问我，"我是不是真的那么糟糕？"

"做自己就好了，自自然然的，"我说道，"我们也只会做我们自己啊，不是吗？"

"那么那些嫉妒呢？"莉莉问道，"那些自私、傲慢、自以为是呢？"

"可是，那也是我们自己啊！"我说道，"不是吗？"

我没有告诉莉莉，她是我见过的人中自我认定偏低的一类，而且不知道从哪里得到一些极高的标准，又被她内化为某种自我准则，一旦达不到，就不断地自我否定和自我指责。

自责是愤怒的一种表现，她的情绪长期消耗在自我否定和自责之中，精神时时刻刻处于一种紧张状态，这是非常让人担忧的，而她的紧张同样会传递给她的家人。

我试着通过共情，让她能用另一种眼光来看待自己。于是我温柔地对她说道："其实，我没有那么好，你也没有那么好，但这都没有什么关系。"

"没有关系？"莉莉不明白地看着我。

"有没有想过是什么让你觉得自己必须是那个完美的、没有缺点的你呢？"我进一步引导莉莉去思考。如果我们不能接纳那个不完美的自己，我们又怎么可能去接纳其他人呢？我们不能接纳的并不是我们自己，而是我们内心存在的那些错误的认知。

莉莉第三次来的时候，我照例问她："这一周过得怎么样？"

她说一切都好，妈妈最近没有去医院了，而是在家照顾奶奶。她换了老板之后，现在工作非常忙，但是也很充实。

"那天我老板和我说了一句话。"莉莉说道，"她不经意地说，我也不可能赶你走啊。然后我就特别感动，突然有一种放心的感觉。"

"她是在什么时候说这样的话的呢？"我问道。

"就是很随意的。"莉莉想了想说道，"对她来说只是随口一说，但是对我来说却好像得到了什么承诺，我很感动。"

"嗯。"我问莉莉要不要玩一下 OH 卡，我咨询室里正好有。

"好呀！"那天放松练习之后，她说她喜欢在我这里玩。

我让莉莉先抽取了一张图画卡片，然后抽取了一张文字卡片。文字卡片放在一边，我们先来说图画卡片。我问莉莉根据卡片看到了什么。

她说图画上是一条路，越走越窄，好在没有支路，一路走下去便好。

图画从下至上分为两种颜色，靠下侧的一半是蓝色，靠上侧的一半是红色。蓝色比较冷，更像现在；红色比较暖，更像未来。刚刚提到的那条路依次穿过蓝色和红色，弯曲向前。虽然前路充满希望，但是一路走来却太难了。

莉莉抽到的文字卡片是感情，莉莉自然把这条路看作她的感情之路。

"所以我的感情之路真的就是这样啊，弯曲复杂，越走越窄，虽然远方似乎有希望，但是却不知道还要走多久才能到达。"莉莉仔细看了看卡片又说道，"而且我看不到路的尽头啊，感觉似乎并没有什么存在。"

"你想要的存在，是什么样子呢？"我问道。

"我也不知道，可能是不用分开吧，像我爸爸妈妈那样，白头偕老。"莉莉想了想说道，流露出与她的年龄并不太相符的单纯。

"你很害怕分开吗？"我问道。

"嗯。"莉莉想了想说道。

"为了不分开，什么都可以吗？"我试探着问，希望引导莉莉往更深的层次去想一想。

"什么都可以？"莉莉小声问自己道，"真的什么都可以吗？"

"我们真的可以不分开吗？"我问莉莉，"或者有什么是可以一直不用改变的呢？"

"好像并没有，对吗？"莉莉认真想了想，问我，"不论我们是否愿意，我们终究有一天会和我们所爱的人分离。"

我们是那么害怕离别的恐惧，害怕到莉莉从来都不愿意去想一下，但逃避并不能提供帮助。"我们每个人都是一样的，我给你讲个故事吧。"我想了想说道。

从前有个老妇人，她唯一的年幼的儿子过世了，她非常难过，抱着孩子的尸体到处寻找能够起死回生的办法，有一个智者告诉她，只要在城里任何一家没有死过人的家里拿到一颗芥菜籽，她的儿子就可以起死回生。

于是老妇人叩开了每一户人家的门，有的人家告诉她："我们家早就死过人了。"有的人家告诉她："我们家已经死过很多人了。"终于老妇人发现，每一家都死过人，我也会死，你也会死。

当死亡来临的时候，我们不论多么不愿意，最终都要接受离别。

莉莉听我讲完这个故事，突然大哭起来。她哭了很长时间，一直到声嘶力竭，心力交瘁。然后渐渐镇定下来。

"我想到了很多很多的离别。"莉莉说道，"我想到我的爷爷，他离开我的时候，我甚至没有到场，我连遗体都没有告别。"

"我从小是和我父母分开住的，"莉莉继续说道，"我记得我小时候，每天晚上我父母离开我的时候，我都会大哭一场，我不知道他们明天是不是还会出现。或者可能我也知道他们会出现，但我还是每天都会大哭一场。"

"嗯，在儿童心理学的研究中，儿童和成年人有一点不同，成人的世界是即使事物不在眼前，我们依旧会确信这个事物存在。但在儿童的世界里，一旦人、事物从眼前消失，就会认为这个人、事物已经从这个世界上消失了。儿童并没有这个事物会继续存在的概念。"我解释道。

"所以，在我很小的时候，我是真正每天都在经历着离别啊。"莉莉感叹道。

莉莉离开以后，我却陷入了自己的思绪中。我们如此受到情绪记忆的影响，却对此完全不自知，因为害怕离别的暗示，即使被伤害，也无法果断离开。

我给莉莉讲的那个老妇人的故事，也是常常提醒我自己的一个故事，伤痛的老妇人早已没有能力去思考。任何告诉她关于死亡和离别的话语，她都无法听进心里。当她去找那颗芥菜籽的时候，也是她在一遍遍接受共情的时候，每一户人家都在真诚地告诉她死亡的真相，没有教条，没有道理，只有一遍遍共情，然后让她接受。

我们有时候常常误会共情指的是语言，因为我们通过语言表达，但真正的共情绝对不仅仅是语言，而是一种理解，对自己情绪的理解，对他人情绪的理解，通过理解而产生巨大的力量，这样的力量足以改变悲伤、恐惧等一切负面情绪。

莉莉第四次来时告诉我，她已经好多了，但还是会常常自责，有时候会无休止地陷入一种情绪的旋涡中，而无法停下来。

"我发现我会把工作留到最后一刻快来不及的时候，然后我就会承受很大的压力，而且还做不好。"莉莉疑惑地问我道，"然后我就开始不断自责，为什么我会这样，为什么不能早一点开始工作。"

"然后呢？"我问道。

"然后我发现我停不下来，我好像陷入了一种自责的旋涡之中。"莉莉无力地说道。

"你能发现这些，已经非常了不起了。"我鼓励她道，"大多数人都会被情绪记忆所控制，我们当下的情绪，其实多多少少都是在受到情绪记忆的控制呢。"

"我已经明白了我现在那么害怕分离，哪怕是和那些对我不太好的人分离，我都没有办法做到，是因为小时候每天的离别记忆，给我带来了很大的伤害。"莉莉想了想说道，"让我错误地以为，所有的离别都是伤害，所以我连一点点离别都不想要。"

"现在我也知道，这样的想法真的是害了我。"莉莉说道，"但是自责，又是怎么一回事呢？"

"我们不需要把每一件事情都弄清楚。"我想了想说道，"我们需要站在现实的土地上，然后才能真正客观地评价。"

"现实的土地？"莉莉问道。

"比如离别这件事，我们需要根据实际情况来看每次的离别，这个人是你喜欢的还是不喜欢的。对于喜欢的人我们会悲伤，甚至大哭一场，对于不喜欢的人我们甚至会高兴，这些都是现实的土地啊。"我给莉莉解释道，"但同时，我们也会给自己设定一道心理防线，比如我们讨厌一个陌生人，我们不会讨厌到一定要去杀人的程度，对不对？我们会批评几句，然后转身就忘记了这件事。所以这是情绪和现实相符合的状态。"

"我为了那么小的一个念头，不断自责了几个小时，是情绪与现实不符合的一个状态，对吗？"莉莉问道，"所以我常常觉得自己这里不对，那里不好，也是一种情绪和现实不符合的状态，对吗？"

"你总觉得自己这里不好，那里不对，你觉得这个场景熟悉吗？"我提示莉莉道。

"啊！"莉莉想到了什么，突然不说话了。

"你想到了什么？"我问道。

"像我妈妈。"莉莉想了想说道，"她总是怀疑自己这里有病，那里有病。"

"所以我该怎么办？"莉莉问道。

"每一次自责的情绪也好，其他的情绪也好，涌上来的时候，问自己一个问题：现在这个情绪和现实相符吗？"我提议道，"可以试试这个问题，哪怕只是存在几秒钟的时间，也会大大截断情绪记忆对情绪的影响。"

"所以如果我自己都发现我被自责深深缠绕的时候，我就可以反过来问自己：这么一点小事真的至于这样小题大做吗？"莉莉想了想问道，"这样想的话，就会发现根本没有必要啊！"

"而我一直想要知道，究竟为什么我会变成这样，是什么原因造成了我一直以来的自责，我会发现每当我这样想的时候反而不断在加强我的自责呢。"莉莉说道。

"所以我们并不需要把什么都搞清楚。"我说道，"有时候，活在当下，及时斩断情绪记忆的干扰，也是一个好方法。"

莉莉觉得这样的方法对她帮助很大，她和我说接下去的几个星期内，她的工作效率提高了很多，人也能够更专心了，当情绪爆发的时候，她常常会反思一下，这样的情绪强度是否合理，是否是在现实的基础之上。

莉莉妈妈来找我是让我有些意外的，她说她看到了莉莉的改变，所以想来和我聊一聊。她说莉莉以前常常一个人站在窗口发呆，而现在会努力工作，以前在家里除了吃饭睡觉，就把自己关在房间里，现在会主动拖地洗碗，关键是她发现现在的莉莉很快乐。莉莉鼓励她妈妈单独来找我，因为哪怕是亲密如自己的女儿，多一个人在场总是会或多或少地影响咨询的效果，甚至常常会让咨询成为虚假的谈话。

我和莉莉妈妈说："因为我告诉莉莉，这样不是很好嘛，有稳定的生活，爱她的父母。还有什么不好的呢？"

"是的，我也常常和莉莉说的，做人要实际点，她以前就是白白给别人打工，做了好几年都不给她工资，就是白做。"莉莉妈妈抱怨道。

"我一辈子就这一个女儿，你说我该怎么办呢？"莉莉妈妈继续说道。

我并不打断她，在她絮絮叨叨的话语中，我对莉莉家有了初步的了解：她妈妈的意识里觉得她的父母家是更富裕的，她说她家在她小时候逃难来到上海，不然在苏州那里是大户人家，她的妈妈那一辈都是书香门第。

而莉莉的爸爸是农民家庭出身，靠自己考上了大学，一辈子做着一份工程师的工作，唯一的女儿是他们最深的牵挂，一样也是大学毕业，也是健健康康的，但是别人家的孩子都工作了，谈恋爱了，结婚了，生孩子了，怎么到莉莉就那么不顺利。

"我在家里真的一点点事都不让这个女儿做的，我情愿自己都做掉，就希望她好好工作。"莉莉妈妈继续说道，"你真的不知道，在这个家，我就像个保姆一样。"

"现在好了，莉莉的奶奶也来我们家住了。说实话，我是有点嫌弃她的。"莉莉妈妈继续说道，"她奶奶这次伤了腰，只能躺在床上，我倒是还轻松一点，不然有的挑剔了，这不好、那也不好，压力大。"

"最近你常常觉得不舒服，是从什么时候开始的，你还记得吗？"我问道。

"是从莉莉的奶奶来住了以后，一个星期还是两个星期吧。"莉莉妈妈回忆道。

"你对莉莉的奶奶是什么感觉呢？"我问道。

"感觉？"莉莉妈妈有点迟疑，好像没有想到我会问她这个问题。

"你放心，在这里说的话，不会被透露出去的。"我解释道。

"她奶奶嘛，就是不太讲卫生，很脏，没有一点长辈的样子。"莉莉的妈妈想了想说道，"每天都在骂人，全是负能量。

"她特别偏心，她有三个小孩，莉莉的爸爸上面还有一个哥哥，一个姐姐。她奶奶到处说以后钱嘛是要给我们家的，分房子的时候我们家什么也没有分到。现在好了，他爸爸一分钱都没有拿到过，还好像我们家占了多大的便宜似的，和亲戚们的关系也很微妙。

"她奶奶就是自私，一点都不会为小辈着想的，我们这个家现在这个样子都是我和她爸爸一点点地攒起来的，从来没拿到过家里什么东西。真的是不容易。"

　　我看着莉莉的妈妈，她已经深深陷入某种回忆。我们其实很难真正去评价身边的人，有时候，我们连想都不会仔细去想一下身边这些和我们朝夕相处的人。

　　"所以，你最不能接受的一个点是什么？"我引导莉莉妈妈想下去。

　　"可能是太脏了。我实在是受不了。"莉莉妈妈继续说道，"我是个很爱干净的人，让我去伺候那么脏的老太太我是受不了的。真的受不了。"

　　"受不了什么？"我引导莉莉妈妈继续说下去，"你所有的记忆里，让你最受不了的事情是什么？"

　　"要给她洗澡。"莉莉妈妈脱口而出，说完却变了脸色。

　　"给她洗澡？"我问道。

　　"那个不是莉莉的奶奶，"莉莉妈妈想了想说道，"那个是我奶奶。"

　　莉莉妈妈深吸一口气说道："我小时候，我也不太记得几岁了，一直就给我奶奶洗澡，等到我怀了莉莉的时候，我还要给我奶奶洗澡。"

　　"你特别不能接受这件事情？"我猜测性地说道。

　　"我就觉得自己像是一个保姆一样的，不想伺候她洗澡！"莉莉妈妈说道。

　　"你是怎么评价你的奶奶的呢？"我问道。

　　"她特别偏心，重男轻女特别厉害，就因为我是女孩子，所以什么家务都要我做。"莉莉妈妈想了想说道，"我觉得她特别脏，有股难闻的怪味道，每次洗澡都让我反胃很久，半天吃不下饭。"

　　"有时候我都分不清楚，我面对的到底是我的奶奶，还是莉莉的奶奶。"说着说着，莉莉妈妈突然说道。

　　说完，她就意识到了什么，开始神色慌张起来："但是她们两个人真的很像，我和你说，真的很像。"

"嗯，"我宽慰道，"能帮一个自己不喜欢的人洗澡，真的很为难你了。"

"是啊！"莉莉妈妈说道，"而且还洗了那么多年。"

"所以有些怨气，也是正常的。"我继续说道，"所以你觉得在这个家里，你更像是一个保姆吗？"我听到莉莉妈妈几次提到了"保姆"这个词语。

为家庭付出太多的女性，如果一旦觉得自己是保姆的角色，那么很快也就产生了心态的偏差。而莉莉妈妈的这种保姆的感觉最早来自她小时候的情绪记忆。

"是的呀，"莉莉妈妈说道，"我辛辛苦苦做了一桌菜，她爸爸呢，不是嫌这个咸了，就是嫌那个淡了。你知道我的感受吗？"

"然后是洗碗，我洗那么多年了，他一来好了，一会儿台子擦不干净了，一会儿水池里有水了，你说这个日子怎么过，哎。"莉莉妈妈好像打开了话匣子，平日里的苦闷如同豆子一般倾倒而出。

"是有点不甘心吧？"我问道。

"可能是吧，现在她爸爸也退休回家了，我有时候就想，为什么所有的家务都要我做，为什么他就不能做呢！你说是吧？"莉莉妈妈说道。

"嗯，是的呢。"我赞同道。我能感受到在我面前的莉莉妈妈非常想要得到认同。

"一个人照顾这个家，你非常不容易，真的是辛苦了。"我有感而发。

"照顾这个家那么多年了，我也习惯了，但是我总归希望他们能知道的咯，不能真的把我当成是保姆的咯。"莉莉妈妈想了想说道。

"他们真的把你当成保姆吗？"我问道。

莉莉妈妈没有回答我这个问题，我让她可以想一想，如果真的是把她当成保姆，那么下次来的时候要找到生活中一些真实的例子。

接下来的一周咨询的时间还没有到，莉莉就焦急地给我打电话，她说她妈妈和她奶奶吵了起来，大吵了一架。

事情的起因是她妈妈不让她奶奶上厕所，之前她奶奶伤了腰，躺在床上，所以莉莉妈妈给她特地准备了一个小马桶放在床边，也没出现什么矛盾，还显得更加体贴。但现在几个月过去了，莉莉奶奶的腰也好得差不多了，总要起来走动走动，上上厕所，没想到莉莉妈妈在这个点上就过不去了。

一开始只是说早上家里人都要上班，着急用厕所，让莉莉奶奶不要和上班的人抢厕所。但是当莉莉奶奶在莉莉爸爸的搀扶下用了厕所之后，莉莉妈妈突然就爆发了，她指责因为莉莉奶奶脏，可能会将很多妇科的病传染给她，歇斯底里，丝毫不讲道理，也毫无逻辑可言，她自己都不知道自己说出来的话在别人听来可能很荒谬。

莉莉说她妈妈后来让自己赶紧回房间，她说不希望自己的女儿看到她这样的一面。

这件事情发生之后不久，莉莉的妈妈来到了我的咨询室。

"那个时候的感觉你还记得吗？"我问道。

"非常愤怒，控制不了自己。"莉莉妈妈想了想说道，"我也不知道自己竟然有这一面，感觉完全失控了，我都不知道自己究竟要做什么。就是有一股力量，我感觉一定要发泄出来，那个时候，我已经没有脑子了。"

"后来冷静下来了，觉得自己也很可笑，要死要活，究竟为了什么？"莉莉妈妈感慨道，"别人都说大事化小，我那个时候就是再小的事情都要变得很大。"

"嗯，那是情绪的力量。你感受到了吗？"我说道，"愤怒是一种非常强大的情绪力量。如果你留心的话，你会观察到这种力量。"

"嗯，我到后面有一种控制不住自己的感觉。"莉莉妈妈想了想说道。

"你有没有想过，你在愤怒什么？"我引导莉莉妈妈去思考。

"我就觉得我被欺负了，被忽视了，我在这个家里只有这一个小小的要求，都不行，所有人都还帮着她奶奶，好像全是我的错。"莉莉妈妈委屈地说道。

"这样的感觉，让你想到了什么？"我继续问道。

"平静下来的时候我也吓了一跳，我觉得那一刻，我好像是年轻的时候不愿意给我奶奶洗澡的那个我，你知道吗？我就这一个要求，但是都不能达到，他们总是在逼我，我一点办法都没有。"莉莉妈妈甚至不愿意再回忆这件事，但因为这件事而被压抑的相关情绪在她的潜意识中形成了情绪记忆，时时刻刻影响着她的生活，只是她自己并不知道。

"你觉得，这样的想法是真实的吗？"我引导她向内看向自己，"这次的愤怒是不是很像一个放大镜，把你平时压抑的想法和情绪都放大了，让你能够看到。你能看到吗？"

莉莉妈妈似懂非懂地理解到那天引发她愤怒的情绪，并不仅仅是当时她面临的那个场景，更是被她压抑到潜意识里的情绪记忆。当我们把我们的专注力集中于愤怒或者仇恨的时候，我们就很难看到事情的全局，更不要提共情或者其他了。

莉莉后来告诉我，她奶奶离开以后，她妈妈也不再天天喊着去检查身体了，她爸爸偶尔指责几句，她妈妈也都是不太在意的样子，而莉莉说她自己在家里，也会常常抢着做一些家务，尽量去看到她妈妈的付出。

我们对于情绪是有记忆的，我们现在对于这个世界的情绪反应，或多或少是受我们的情绪记忆影响的，尤其是在一些让我们"炸毛"的小事上。为什么对我是一个难过的坎而对于别人却算不上什么呢？主要是因为我和别人的情绪记忆完全不同，如果能在此时此地观察单纯的情绪，我们会发现，即使是最不能接受的状况，也是有机会被转化的。

提到情绪记忆，我想起了之前一个女孩子，叫雅丽，她来我的咨询室是因为她身体上长了一种奇怪的纤维瘤，会将我们的血肉变成纤维状，而无法愈合。

因为这个病，她曾经在医院的无菌病房中待了整整两个月，长出来的新肉如果是纤维状的就立刻刮掉，再长，一直到这个伤口痊愈。

她来找我是因为她的胸口又开始长同样的纤维瘤，只是还处于早期，看上去就像一颗普通得不能再普通的青春痘。

她对我说："是因为我真的很不喜欢现在的工作，之前也是在这个公司，我常常工作到半夜，我曾经因为完不成项目报告而谎称笔记本电脑被偷了。我每天都活得很痛苦，压力实在太大了。"

"我现在已经无法完成哪怕一点点最小的事情了，"雅丽对我说，"只要打开电脑，哪怕就是写一小段文字，或者一张简单的 excel 表格，我感觉我都会发狂，我花了很大力气和情绪做斗争。"

"是一种累积了太久的厌倦感，你知道吗？"雅丽这样描述自己，"我觉得我完蛋了，我已经做不了这份工作了。"

听着雅丽的描述，我非常想知道究竟是什么把她困在了这份让她那么讨厌的工作之中，究竟是什么让她无法离开她的这份工作。关于这个话题我们讨论了很久，我尽量使用共情的方式引导她看到更多事实的真相，不只是她的不安全感，她所需要的生活物质的保障，同样也让她看到了那些她在过去的生活中已经取得的成就。

后来她确实离开了这份工作，在离开工作的接下来一个星期，她的青春痘并没有发展成纤维瘤，而这个难得的假期也让雅丽去了很多地方旅行，在旅行的同时重新审视自己的身体和情绪。

像雅丽这样很快认识到身体受情绪影响，而更关注情绪变化的人并不是太多，大多数人并不太注意情绪的状态，常常麻木，偶尔愤怒，有些人更是处于一种长期的情绪困乏状态，没那么高兴，但也就这样吧，于是，情绪就这样日复一日地消耗着我们的力量。

我们想要共情别人之前，需要先看一看我们自己的情绪，否则他人的情绪很容易和我们自身的情绪记忆形成共鸣，或者增加愤怒，或者影响我们自身的情绪，这样都无法做到真正的共情和转化。

四 讨好你并不是真的在意你

（一）

基基是我为数不多的未婚女性朋友之一，独立女性，随着年纪的增长，成了下属们在背后称呼的"女魔头"，但基基对此毫不在意。她有自己的生活准则，爱好丰富，凡事喜欢追本溯源，甚至会认真去了解所购买的商品的生产链，也会关注动物和环境保护问题。

看似独立的基基最近也非常烦恼，有一个追求者非常热切地追求着她，她几乎已经心动，但是对方离过婚还带着一个孩子的经历，还是让基基有些顾忌。基基的父母很早就离开了她，一方面她并没有被催着结婚的压力，但另一方面她也没有可以商量的人。

所以她来找我商量，我也愿意陪她说说话。

"一切看上去都很好，"基基说道，"但是我总是感觉有些不那么真实，总觉得哪里怪怪的。"

"哪里怪怪的呢？"我问道，有时候我们的感觉比看到的或者听到的更真实。

"怎么说呢，"基基想了想说道，"我有时候觉得和他沟通起来很累。"

"比如说呢？"我听到基基说沟通很累，就警惕了一些，更专心地听她说接下来的话。

"有时候我会觉得他并不懂我在说什么。"基基想了想说道，"比如我说工作压力很大，要带团队，又要完成领导安排的工作。"

"但我说这些的时候"，基基想了想说道，"他总是会说很多赞美我的话"，基基又认真地想了想说道，"就是很多类似你很棒，又漂亮又能干，没有什么可以难倒你的这一类话。"

"然后呢？你听到的时候，你的感觉是什么呢？"我问道。

"被噎住了，说不出话。"基基想了想说道，"好几次，我生活中遇到什么问题的，想和他交流的时候，总是这样。时间久了，我就不太愿意和他说了。"

"但是他常常会夸赞我，女孩子嘛，总是喜欢听别人夸奖的。"基基说，"在他的眼中，我似乎是完美的，这点让我很高兴。"

"真的很高兴吗？"我问道。

"嗯？"基基表示不明白地看向我，她仔细想了想说道，"其实一开始也觉得蛮奇怪的。"

"奇怪？"我问道。

"嗯。"基基想了想说道，"我遇到他的时候，是有一次下大雨，我在小区门口，准备回家，因为手上的东西太多了，就显得有点狼狈。"

"然后呢？"我问道。

"他就出现了，当时要帮我拿东西。"基基说，"但是我觉得一个陌生人，这点防备心还是有的。"

"所以你拒绝了他的帮助。"我顺着她的话。

"是的，我拒绝了他的帮助。"基基继续说道，"我一开始是拒绝他的。但是是什么让我又接受了他的帮助呢？"

"因为他说了句话，"基基想了想说道，"他当时说，傲慢的人都不知道自己错过了什么。"

"傲慢的人都不知道自己错过了什么？"我重复道。

"对的，我当时不想让他认为我是一个傲慢的人，所以就接受了他的帮助。"基基想了想说道，"他也只是帮我把东西送到了门口。他说来这个小区看望一个朋友，然后很高兴认识我。"

"嗯。"我发现基基面对的这个男朋友是一个共情高手，他能在很短的时间内读懂基基的情绪，一句话就能让她改变原来的决定，更何况，一个陌生人何必在对方拒绝帮助之后，一定要去帮助别人呢，但显然基基并没有在意这些，有什么让她放松了警惕。

"后来我们就互留了联系方式，知道彼此都是单身。"基基继续说道，"但是有些奇怪的是，在我们刚刚认识的时候，他就开始叫我小主大人，常常是小主长，小主短的，然后不停地夸我，让我有种飘飘然的感觉。"

"怎么夸你的？"我问道。

"比如我说我只是个好奇宝宝，他就会说好奇宝宝都是聪明伶俐的宝宝，或者类似于'我感觉我的心好暖，有这样的小主我好幸福啊'这一类的甜言蜜语。"

"那有什么问题呢？"我问道。

"也没什么问题，只是觉得我们发展得太快了，"基基想了想说道，"或者，他说这些话时的感情，我感觉不到，比如他和朋友玩游戏，他也会说想我，说我比任何的游戏都重要。晚上我想睡觉了，他又会说，'有你在我舍不得睡'。"

"其实这些话也都挺平常的，但是我总觉得，我们还没有这样的感情基础，你明白吗？"基基问我。

"你们认识了多久，他说的这些话？"我问道。

"就第一次见面，他帮了我的忙，之后很长一段时间，我工作太忙了，所以一直没有机会见面，就那期间。"基基想了想说道，"所以这样想的话，确实有点奇怪哦。"

"是你在谈恋爱哎！"我说道，我的意思是，我也没有办法对别人的男朋友表达太多意见，"但是我可以听你讲讲，我不想让我的判断来影响你。"

"嗯嗯，"基基说道，"仔细想想，怎么说呢，其实他也有一些让我很心动的地方，但是也有让我非常受不了的地方。"

"先说哪个？"我问基基。

"先说很心动的地方吧，比如我工作很忙，常常没时间约会，但是他会说他能够理解我的工作，他愿意一直等，等到我有空这样的话，听上去很贴心。令我接受不了的有两点，一是他真的很喜欢打电话，每天晚上7点开始，就会问我工作结束了吗，可以打电话吗，他觉得可以一边打电话一边工作或者看书，哪怕没有什么话说，电话也要通着。然后我每天所有的行程他都要知道，我有时候汇报行程就会觉得很累。"

"还有一个受不了的点就是，我们每次见面他都要谋求一种进展，我感觉是有目的的那种进展，第一次正式约会就吃饭，然后第二次就牵手，第三次就要拥抱一下，第四次就要亲亲这样子，反正每次都要达到他的目的，不然会用各种方式软磨硬泡，说各种委屈的话，比如'我都怎么怎么样了，你就这样一下都不行吗'？这类的。"基基说着说着自己感叹起来，"所以真的很不成熟啊，就像无理取闹的小孩子一定要达到他的目的。"

"我也不是很古板的人，"基基接着说道，"只是和他在一起会觉得很奇怪，我有点分不清，究竟是我太久没有谈恋爱了，已经忘记了该怎么谈恋爱，还是他真的有问题呢？"

"我现在很烦恼，因为按照他的时间表，他和我需要有一段婚姻了，但我无法决定就这样把自己嫁了，但是如果我选择不结婚，这段关系可能也不会再存在了吧，这又让我觉得有些舍不得。"基基表达了她的烦恼。

"是什么让你觉得，你不答应他的求婚，你们的关系就结束了呢？"我问道。

"他一直都是这样的，我觉得这已经是我们之间的一种模式了。比如他总是带我参加他喜欢的运动，我们除了第一次见面，之后每次约会他都必定会送花，他有他的约会仪式和时间表。他一直以来给我的感觉就是那种一定要达到目的的人。"

"这样的人，我可以和他在一起吗？你知道我也不小了。"基基今年已经是第三个本命年了，原本不结婚也就这么过了，可当有一个看上去很好的机会出现在面前的时候，究竟该怎么选择呢？

我无法回答基基的问题，听基基讲完，我略微有些不安，便提醒道："有时候，不要从你的角度来想事情，你试试看，运用共情，从他的角度想想他在做的事情。"

"有时候，我们不仅要听对方说的话，也要看看对方在做的事情，不是吗？"我提醒道。

"确实如此。"基基说道。

和基基分开的两个星期之后，有一天她突然给我打电话，说她分手了，但语气中并没有太多的悲伤，她简单说了一下事情的经过。

"有一次我和朋友一起去旅游，他非常担心，我们只是出去了3天2夜，他就一直问东问西。我回来之后，我们就吵了一次。然后有一天，很神奇的事情发生了，晚上6点多，他问我有没有带伞，那天我正好有点忙碌，等我回复他的时候，发现我已找不到他了，我想，这样也好，我也不用烦恼了。"基基说道。

"就这样分手了？"我也挺意外的。

"后来深夜 1 点多吧，他就开始不断给我打电话，歇斯底里的样子，真的彻底把我吓到了。我想了想，还好我还没嫁给他。"基基说完松了口气。

"嗯，那我要恭喜你，重新恢复单身吗？"我笑着问道。

"我觉得你说得很对，不仅仅要看这个人说了什么，也要看他做了什么。"基基说道，"我去旅游的时候，他各种担心，各种猜测，甚至说出了很多不堪的话，但是他从来没有来看看我的朋友，没有想过真正了解一下我的生活。他说的最多的话就是他会等我，但是那天我就晚了一个小时回复消息，就找不到他了。"

"我一点都不难过。"基基说道，"我只是发现他不过是按照他的节奏在找一个女孩子，然后占用她所有的时间，控制她的生活，我突然发现那个人是不是我，都没有什么关系。"

"那看来，是真的要恭喜你咯！"我也笑着说道。

和基基通完电话，这个结果让我有些意外，但是仔细想想又可以理解。那个男生是一个共情的高手，在一开始，就用一句听上去很有道理的话，"傲慢的人都不知道自己错过了什么"，影响了基基的决定。

而在交往的过程中，男生一直都处于一个阳光正面的形象，他的共情有着自己的目的，一旦达不到目的就会想尽方法，他对基基展现了他的控制欲和占有欲。这就是一开始基基总会觉得奇怪的原因，她奇怪的感觉是她的警觉性在提醒她，而当她用共情的方法来看眼前的人时，看到了更多的事实，也帮助她免于陷入某种痛苦之中。

我们常常也会这样，讨好对方并不是真的在乎对方，这并不是在意识层面的一个状态，而是潜意识里的一个念头。我在很多年前，也曾经犯过一次这样的错误，让自己后悔了很久。

在很多年前，我有一次去看望一位我非常尊重的长者，当我到他身边的时候，我们亲切地聊天，我询问道："这一年多没有见，您的身体还好吗？"他平静而温柔地说道："还好，这一年我的眼睛动了一个手术，现在看东西就清楚一些了。"

我不知道是因为他的语气太平静，还是我当时并没有真正想要去倾听。我现在还记得我当时的表现，如同没有听到一般，我不知道我当时的反应是不是会让他失望，但是很多年以后我突然想起那一幕的时候，竟然泪流满面，如果当时我能真正听到这句话，那么是不是有太多事情会完全不同呢？

而当时我的潜意识中，只是想着如何说些漂亮话，让自己显得得体，或者讨他的喜欢。这样的认知，让我常常提醒我自己，倾听是共情的第一步，真正的倾听一定是共情的倾听。

我们在犯着这样错误的时候，有时候确是不自知的。因为我们已经习惯于自己的行为模式，所以当我们想要去改变的时候，我们之前的行为模式也会时不时地出现，考验我们是否能够真正分辨出来。

（二）

我有个来访者叫蒂娜，是这个城市里的一个普通职员。她刚把工作辞掉，又遭遇了和男朋友分手，她还有一个让她无法接受的妈妈。最后她逃离这一切，去了一个没有人的地方，想要重新开始，可是不久之后，她又回来了，坐在我的面前。

"无论问什么，我都会诚实地告诉你。"蒂娜一次次地向我表达，"如果有什么你想知道的，都可以直接问我，我会完全配合。"

"说说你之前的工作？"我问道。蒂娜对我说的话，让我感觉不太舒服，来访者对咨询师的态度，往往是来访者在日常生活中对周围人的态度的移情。

"我在秘书办公室，办公室一共有四个人，我在那里工作了五年，但是怎么说呢，我并不觉得有什么值得开心的。"蒂娜说道，"她们总是把不想做的事情推给我做，今天 TT 说要和男朋友约会，明天果汁就说要去看未来的婆婆，然后莉萨会说要去参加闺密的婚礼……总是这样，每次加班她们都有各种理由，然后让我一个人留下来。"

"我从来没有想过他们不喜欢我这件事情，我觉得我可以加班，但是有一天我听到她们三个人在角落里数落我，嘲笑我的时候，我就有些受不了了。"蒂娜向我说道，"当时我听到 TT 说我穿的衣服土得掉渣，果汁说我根本不懂她们的话题，每次只是'对对对'地附和她们的话，非常无趣，莉萨说她想约我去参加她们的购物活动，但是被其他两个人直接打断，坚决不同意。"

"我走近她们的时候，她们就直接走开了。"蒂娜有些沮丧地说道。

"是因为这个辞职的吗？"我问道。

"是因为公司人员调整，她们三个人就抱成一团，领导也不太喜欢我吧，所以给了我两个月的赔偿金，和我解约了。"蒂娜有点愤怒地说道，但是她更多的是无奈。

"我的运气真的很不好，"蒂娜想了想说道，"我和我男朋友快要结婚的时候，被退婚了，而且是因为我自己的妈妈。"

"你愿意回忆这些吗？"我问道。

"都已经过去了，并没有什么。"蒂娜说道，"其实怎么说呢，我的未婚夫，我也并不觉得我们有多亲密，有时候想到就这样要结婚了，反而还有一点恍惚。"

蒂娜陷入回忆，说道："我们大学的时候在一起，一眨眼也已经七八年了，很多人在这种情况下，也无非就是结婚或者分手。所以我们就自然而然地选择了结婚。"

"我母亲和他父母见面的时候，闹得很不愉快。"蒂娜说道，"我母亲开口要了一笔很大的聘礼，男方父母觉得没法谈下去，吃饭时就闹得很不愉快。"

"那个场合下母亲直接说出了我未婚夫根本就不喜欢我，更不要提爱了，只是觉得我太好控制，所以才娶我的这样的话。"蒂娜说着的时候，自己都认同了她母亲，觉得她说得实在太对了，只是在那种场合说出来，让人难以接受。

"都说我也是一个成年人了，就不能对我母亲说个'不'字，就不能自己做个决定吗？"蒂娜继续说道，"但是即使听上去再荒谬，事实就是这样的，从小到大，我都没有办法反抗她，她就像是压在我身上的一座大山。"

"我和我未婚夫之间的障碍，也并不仅仅是因为聘礼，可能在我的心里，我也认为母亲说的话是对的。但是这样的人生，我也一点办法都没有啊！"蒂娜平静地说道，"原本去乡下小镇是想开一家小书店，里面放很多书，也可以喝咖啡。"

蒂娜沉浸在对于自己的小书店的描述中："我想把小店的墙做成水蓝色，我喜欢那种干净的蓝，然后再放一些向日葵，开得大大的，空气里有咖啡香。阳光晒进来的下午，我可以在沙发上看书，发呆，或者想心事。"

"客人呢？"我问道。

"客人也会有的，三三两两，小镇的游客吧，"蒂娜想了想说道，"不过现在这些也都永远是梦想了。"

"为什么无法实现了？"我问道。

"我辛辛苦苦工作了10年，才存下了这点钱，但是准备开始新生活的时候，我母亲又出现了，她说她欠了别人很多钱，我不能见死不救。"蒂娜说道。

"命运总是在和我开着各种玩笑。"蒂娜无奈道，"好了，我的故事就是这样，我想你也帮不了我什么。"

"你认为我帮不了你什么？"我问道，"那你来找我干吗？"

"你说什么？"蒂娜难以置信地看着我，"我以为咨询师都是尊重人的，至少。"

蒂娜突然像是被惹毛了一样，我无视她的怒气，继续说道："我没有不尊重你，我只是在问你，你来找我干吗？"

我又重复了一遍："你来找我，想达到什么目的呢？"

蒂娜没有说话，似乎这个问题她从来没有想过一般，我继续说道："我是想说，如果你真的觉得自己一切都好，所有的不幸只是别人和命运造成的，那么你来找我是为了什么呢？"

我重复了一遍蒂娜刚才对我说的话："你刚刚告诉我，你的同事都是混蛋，她们把活都推给你做，背地里还在不断说你坏话，最后裁员的时候就联合起来逼你走。"

"你告诉我，你的母亲也是个混蛋，搞砸了你们的订婚晚宴，搞砸了你的梦想，害你现在一事无成。"我毫不夸张地复述了蒂娜的话，"你说你的前未婚夫也是混蛋，他不爱你，只是想控制你。"

蒂娜安静地听我说完，然后我问她："所以你觉得，经历这些都只是因为你的运气太糟糕了，或者别人太糟糕了，那么你为什么来找我呢？"

蒂娜陷入了某种沉默之中，大概过了5分钟那么久，她才轻声说道："也许，我希望未来的我可以好起来，不要再经历这些吧。"

　　蒂娜说这些的时候，似乎连自己都不能肯定。我凝视着她，我知道这是这次咨询最重要的时刻。

　　"你的未来，一定会好起来的！"我说道，"至少比现在好！"

　　"真的吗？"蒂娜不敢相信地看着我。

　　"一定会好起来的，我知道你现在不相信我说的话，所以我来替你相信。"我肯定地说道。

　　蒂娜沉默了很久，对我说道："谢谢你！"

　　蒂娜的第一次咨询在最后的时刻出现了一丝曙光。当我们把目光看向自己的时候，共情就开始发挥起重要的作用了。如果我们的认知里充满了希望，那么改变就有可能会发生；如果我们能够相信这种希望，那么我们甚至可以忍受许多意想不到的事情。这就是共情的力量。

　　共情所激发的希望并不是简单地认为所有的事情最后都会好转，而是指即使当事情糟糕到一定程度的时候，我们依旧有能力通过某种方式找到一些解决的办法，这是改变可以发生的关键。

　　蒂娜第二次和我见面的时候，她开始和我探讨一些真正有关她的问题，比如说，为什么她无法拒绝别人。

　　"我发现，我确实无法拒绝别人，即使我需要为此付出巨大的代价。"蒂娜开始试着换一个角度来看待问题。

　　"你想过为什么会这样吗？"我试着引导她思考，"比如你和你同事一起，她们让你加班，你想拒绝的时候。"

　　"嗯。"蒂娜想了想说道。

　　"那个时候，你在想什么呢？"我问道。

　　"那个时候，她们说我早回去也没有什么事情，就应该在办公室加班。"

　　"你觉得呢？"我问道。

"我想总要有个人留下来，虽然每次需要加班的时候都是找我，这点让我非常受不了，但我还是留了下来。"蒂娜说道，"这是因为可能我真的很害怕失去这份工作吧。我也隐隐约约知道她们并不喜欢我，她们一起吃饭，一起上厕所，一起去买衣服，然后每到周一就聚在一起聊周末怎么过的。好像我和她们不是一国的。"

"但是也要相处下去啊，总不能撕破脸吧。"蒂娜说道，"我很怕拒绝了她们之后，连表面的平静都无法维持。"

"渐渐就进入一种循环的模式，"蒂娜想了想说道，"每次她们都找各种理由拒绝加班，希望我一个人留下来，而我从第一次不敢拒绝开始，就陷入了一种每次都不敢拒绝的状态。"

"有时候即使想拒绝一下，她们也会说，以前不也都是这样的吗？你是怎么了？是有什么问题吗？"蒂娜继续说道，"而如果我替她们加班了，那么第二天她们也会给我带一些小礼物，比如一个化妆品的试用装这一类的。"

"所以，有时候我想想，这样也挺好的，她们也是把我当作朋友的，只是没有那么亲密而已，对吗？"蒂娜问我道。

"你觉得呢？"我没有正面回答蒂娜，心理咨询的过程有时候就像是一场有趣的自我探寻之旅，有时候似乎走上了一条平坦大道，而有时候又似乎进入了一个走不出来的迷宫。

"所以那天，我听到她们围在一起议论我的时候，才那么难受。"蒂娜说道，"我付出了那么多，并没有换来半分真心，对不对？"

"其实你是知道的对不对？"我说道，"这些问题的答案，你都是知道的，那么，是什么让你不愿意去想一想呢？"

"我不知道怎么分辨。"蒂娜说道，"她们有时候也对我挺好，比如莉萨会从家里带来一些水果，她也常常会分给我，TT 很喜欢买化妆品，一些送的试用装，她也会送给我。"

"但是她们也会在一起，说我的坏话，所以有时候我是无法分辨这些的。"蒂娜继续说道。

"或者，你可以试试问问你的心，"我建议道，"你的心是怎么感受的呢？"

"心？感受？"蒂娜并不明白。

"不用去想她们是怎么样的，你心里真正的感受是什么呢？"我说道。

"感受？"蒂娜还是不太明白。

"那段时间，你高兴吗？"我解释道。

"是不高兴的吧，其实我并不怎么在意。"蒂娜说道，"即使我说我非常讨厌她们，又会有什么不同呢？"

"真的讨厌吗？"我问道。我们通常并不是自己以为的那个样子，只是习惯了不去思考，而一旦思考，我们就会发现，我们和那个想象中的自己差别太大，以至于见到的时候，惊讶得说不出话。

"可能也没有那么讨厌吧，"蒂娜说道，"如果真的讨厌，可能一天都待不下去，为什么还会待了 5 年呢？"

"所以，我们一定要讨论这些吗？"蒂娜的语气开始变得并不友善，"你一直逼问我这些又有什么意思呢？"

"我并没有逼问你。"我说道，我知道蒂娜现在的反应是她内心抗拒的一种表现，当我们的谈话开始触及一些核心的问题，我鼓励她说出当下最真实的感受。

"我不知道什么才是对的，我不知道怎么回答你的问题。我现在的感觉就是我讨厌她们也不对，不讨厌她们也不对。所以你告诉我，我到底要怎么做，到底要怎么做啊！"蒂娜的情绪有些激动，最后的话语几乎是喊出来的，说完之后她重重地靠在椅子上，好像用尽了全部力气。

过了许久，我们之间还是处于一种静默的气氛，谁都没有打破沉默。我很珍惜每次咨询中的沉默时间，这种宝贵的时间有时候是出现在来访者的阻抗之后，而有时候是出现在来访者自我突破的时候，往往在这样的沉默之后，会有一种自然的力量，将咨询带往一处我们意想不到的地方。

而对咨询师来说，咨询间的沉默往往是一个考验。很多时候，打破沉默的往往是咨询师，因为无法承受这样的压力而破坏了原本即将会出现的突破。

心理咨询，是咨询师和来访者一同等待的过程，我将这种等待之后出现的时刻称为"神奇的时刻"。我们用咨询时间来换取咨询关系中的互相信任，咨询师和来访者建立了很好的伙伴和陪伴关系，咨询师应该真正尊重来访者自我发现的神奇时刻。

"我不知道自己这是怎么了。"蒂娜开口说道，"并不是你的关系，我常常会感觉到不知道该怎么办。"

"感觉到怎么做都不对的时候，你会怎么做呢？"我问道，进一步引导她去看看自己的行为。

"就听她们的吧，不去想那么多了。"蒂娜说道，"我也没有勇气真正地去抵抗她们，去改变什么。"

"嗯，我想我能理解你。"我说道，"没有真正觉得讨厌，所以这样也行的想法就一直在你的脑海中。"

这一次的咨询中，蒂娜表现出了她在日常生活中的一种情绪模式，她总是在寻找一个标准的答案，而并不是真正和自我产生联结。她有时候也试着去思考，但是她已经习惯了用别人的眼光去评价，结果发现这也不对、那也不对，这让她更陷入了一种茫然无措。没有和自我真正产生联结，所以她常常会感觉无力，做任何的决定都很容易改变。

蒂娜第三次的咨询有了非常大的进展，她刚进来咨询室就迫不及待地告诉我，这一周的时间里，她感觉自己有了很大的进步。她说她开始学着慢慢地观察自己，也慢慢地观察这个世界。

"因为不能真正说出讨厌，所以我也无法真正喜欢，对不对？"蒂娜问我。

"这样的感觉很真实，"我赞同道，"我想，你一定是领悟到什么吧？"

"我回去以后一直在想，这么多年以来，我从小到大似乎总是在想尽办法满足别人的要求，而对于我自己是不是真的喜欢，或者讨厌，我是不去想的。"蒂娜说道。

我似乎能感受到蒂娜说这些话的心情："这样活着也很累吧。"

"嗯，很累。"蒂娜说道，"我想满足别人，却怎么也做不好，我不敢拒绝她们的要求，甚至对于自己最讨厌的事情，我也没有办法说'不'。"

"最讨厌的事情？"我说道。

"我在想，如果在我妈妈问我要钱的时候，我有勇气拒绝她，那么也许一切都会不一样吧。"蒂娜自言自语地说道。

"所以，你现在认为，是什么让你在当时无法拒绝呢？"我问道。

"她说她要被追债的打死了。我就对自己说，对自己的妈妈总不能见死不救吧，虽然这笔钱对我也很重要。"蒂娜想了想说道，"对我来说，也许是我开始新生活的一个机会。"

蒂娜不再说话，她只是看着我，我没有办法给她答案。"我没有办法评价你的做法对或者错，伟大或者高尚，道德上的评价不能帮助我们面对真正的自我。"

"我只想帮助你看一看，"我说道，"这样做了之后，你高兴吗？"

"我一直都很后悔，"蒂娜说道，"甚至绝望！"

"绝望？"我反问。

"我觉得我这辈子，可能都逃不开她的阴影了吧。"蒂娜绝望地说道，"这并不是第一次，也不会是最后一次。"

"我们聊聊，为什么没有办法拒绝吧，"我说道，"没有办法真正讨厌，所以没有办法真正拒绝。"

"有的时候，我们讨厌什么，也是需要力量的。"我继续解释道。

"至少要学会表达发自内心的感受，喜欢什么，讨厌什么，而不只是看着别人的脸色来生活。"我提醒道。

蒂娜想了想问道："我一直在看着别人的脸色生活吗？"

"你进来的时候告诉我，你说你发现你自己从小到大，都在想尽办法满足别人的要求。"我提醒她道。

"嗯，是的，好像不知不觉之间，我已经把别人的评价变成了我自己的标准。"蒂娜感叹道。

"这样很累吧。"我温柔地说道。我看着蒂娜，感受着她那么多年得不到认可，又极力想要得到别人的认可，因为太在意别人的眼光，而放弃了自我的联结，这样的她想来真的很不容易。

"我以前也没有觉得很累，但是你说了这个话之后，我好像真的觉得自己很累。"蒂娜开始默默地流泪，继而号啕大哭。

"所以，"蒂娜平静下来后问我，"我该怎么做呢？怎么才能真正面对这个自我呢？"

"慢慢来，"我说道，"不要一下子就拿太难的题目来要求自己，不用一下子就去做那些非常大的决定。"

我接着说道："和自己产生联结，慢慢倾听自己内心的声音，这是一种自我的共情，是一个方法，是需要学习和不断练习的。"

"怎么才能开始呢？"蒂娜听我说完，好奇地问道。

"可以从一朵花开始，"我指了指桌上的花瓶，对蒂娜说道，"不要在意别人的眼光，现在你真心地问自己，你觉得这朵花好看吗？你喜欢吗？它给你带来什么样的感受呢？"

一朵花好不好看，这样的话题在很多人看来非常无趣，但对于另一些人来说，却非常难回答，一朵花好不好看，和我是一个什么样的人这样的问题，难度可能不分伯仲。

蒂娜想了很久，挫败地告诉我："我不知道该怎么回答这个问题，我想说好看，又怕这只是一个敷衍的答案，我不知道怎么去评价一朵花好不好看。"

"你喜欢这幅画吗？"我没有回答蒂娜，而是继续指着墙上挂着的画问蒂娜。

蒂娜沉默了很长时间，然后回答我："我并不喜欢这样的画。"

"哦？"我对这个答案感到好奇，"你能告诉我，刚才你想到了什么吗？"

"嗯，是的，我想到了许多，"蒂娜想了想，诚实地说道，"我一开始想说，挂在咨询室里的画，一定是好看的吧，可能是名人的作品，我不知道，我并不懂画。"

蒂娜继续说道："但是你让我说是不是好看，所以我就想，说好看，一定是个正确的答案，但是我又怕你继续问我，为什么好看，或者哪里好看，我就答不上来了。"

"但是我又很难说不好看，因为这样是不是会暴露了我的无知，不合群？我不知道，我觉得这样说可能是不礼貌的。"蒂娜想了想，继续说道，"但是我想到你刚说过，让我听听内心的声音，所以就是这样的。"

"嗯，很棒，"我鼓励道，"所以你看，即使说出不好看这样不认同的话，也并不会带来不好的后果，对不对？"我给到蒂娜足够的安全感和赞同，并且提示她去看到这一点。

　　"说完以后，我觉得很轻松。"蒂娜说道。

　　"喜欢那朵花吗？"我继续问蒂娜。

　　"我想谈不上喜欢或者不喜欢吧，"蒂娜想了想，回答我，"我想我更喜欢向日葵吧，我喜欢那种大大的花瓣。"

　　"嗯，所以你喜欢这朵花吗？"我继续问蒂娜。

　　"我想，我可能不喜欢。"蒂娜说完，轻松地笑了，"我想我明白你的意思了，只有说出不喜欢，知道自己心里的感受，才会真正找到喜欢的感觉。"

　　这次蒂娜离开的时候，我仿佛能看到她的一些转变，细微却充满光芒。

　　在生活中，只要稍稍留心，我们就会发现：当我们感受到内心的喜悦和快乐的时候，我们常常就会觉得自己充满力量，敢于尝试，勇往直前。而当我们常常觉得无力，做事情提不起劲的时候，是不是也需要去反观一下，我们对于在做的事情，目前的生活，是不是真心地认同？

　　我们和自我内在的联结就好像树扎根在泥土里，吸收养分，得到力量，而如果我们长期忽略内在需求的表达，一方面会让我们得不到力量的补给，常常变得无力和软弱，另一方面内在被压抑的需要又将会以另一种形式出现。

　　蒂娜在第四周按照约定的时间来了，她看上去比之前精神了很多，也把头发剪短了，齐耳的短发衬出了她的英气。

　　"这一周过得怎么样？"我问道，"头发剪短了以后，显得人很精神呢。"

　　很快发现来访者的变化，然后给予适当的反应，这样会让来访者感觉到她是被重视的。

　　"我这周一直在实践你教我的方法，自己做选择，选自己内心真正喜欢的事情。"蒂娜说道，语气中流露着隐隐的自豪。

"感觉如何？"我问道。

"感觉太棒了。"蒂娜有些高兴道。

"我剪了一直以来自己喜欢的短头发，"蒂娜明显对她的新发型很满意，"以前的男朋友不喜欢我留短发，说我短发像个男生，他不要和男人谈恋爱。所以一留就留了很多年的长发。"

"我还去找了工作。"蒂娜说道。

"哦？"我对蒂娜的新工作表示关注。

"在一家咖啡馆，学做咖啡，"蒂娜向我描述道，"虽然很辛苦，但是我很喜欢在咖啡的香味里工作呢。"

"不用去看别人的脸色，不用小心翼翼地猜测别人的想法，真的是让我松了一口气。"蒂娜说道，"我感觉自己似乎变得有力量了，我的人生仿佛慢慢在发生一些转变。"

"听到你这样说，我觉得很高兴。"我说道。

"所以，今天我们要聊什么？"蒂娜问我道。

"你想聊什么？"我问蒂娜。

蒂娜沉默了很久之后，试探地问道："聊聊我和我母亲的关系？"

"你想说什么都可以，"我说道，"我会听你说的。"

"我发现，我以前和她相处，只是一味地听从她的安排，想要达到让她满意的标准，但是其实我从来没有真正了解过她。"蒂娜想了想说道。

"我父亲很早就过世了，她一个人拉扯着我长大，其实并不容易。"蒂娜想了想说道，"她有很多男朋友，常常会来我家，我小时候特别不能接受这一点。"

"我觉得很羞耻。"蒂娜说道。

"后来读了大学的时候，我就搬出去自己住了，我也不想看到她。但是有一天我突然发现，她已经那么老了，而我从来没有了解过她。"

"当我们开始慢慢地真正关注到自己的时候，我们也会慢慢地关注到别人，对吗？"我安慰蒂娜道。

"想到她，我还是很羞耻。"蒂娜说道，"但是因为这样的羞耻，令我从来没有了解过她，对吗？"

"你会不会觉得很可笑？"蒂娜问我，"我从小到大，一直都看着她的脸色过日子，却从来没有真正了解过她，也从来没有想过要了解她。"

"现在开始也不迟。"我安慰道。

蒂娜沉默了一会说道："我突然发现，以前的同事说我的话，挺对的。"

"哦？"我问道，"哪句？"

"我只是看着她们的脸色说话，而对她们的生活并不是真正感兴趣。"蒂娜说道。

"所以我一直说，理解自己，才是共情别人的开始。"我笑着说道，"我相信你的未来一定会越来越好，所有的问题，用共情的方法都会一一解决的。"

"嗯，"蒂娜认真地感谢我道，"从我开始关注自己那一天起，我突然发现这个世界好像变了一种面貌，不再是过去我所看到的那样。"

蒂娜想了想继续说道："我发现在做自己喜欢的事情时，整个人也更有力量了，而对于不想做的事情，也可以慢慢说'不'了。"

"有一天，我也会像你了解别人这样了解自己吗？"蒂娜问我。

"是的，通过不断练习，共情的方法一定会对我们的生活起到非常大的帮助。"我鼓励蒂娜，"而且当我们遇到困难的时候，共情也总是能够帮助我们找到我们需要的那个答案，虽然也许那并不是我们所期待的答案哦。"

我们生活中有很多这样的人，他只是恭维你，却并不是真正在乎你，但如果我们和自我的联结非常紧密，我们总是会发现一些不同之处。

如果我们更善于观察自己的情绪，那么也会更容易观察别人的情绪，而对于情绪的观察是共情的基础。

五 自我责备也是一种愤怒

我最近的状态并不是特别好，常常会觉得疲惫，所以就和助理商量着，给自己放个假。我的助理是一个对自己要求非常高的人，因为这个原因，他对我的要求通常也很高。

但我是一个比较懒散的人，我一直觉得工作和生活需要达到某种平衡，当我们在做某件事情的时候，太紧张或者太放松，都不是很合适的节奏。可是我却很难向我的助理表达这些，因此我的时间表常常被排得满满的。

当她听说我要休假的时候，立刻表示强烈抗议。最后，好不容易，我为自己争取到了三天的假期。

我非常珍惜这三天假期，我给孩子们打包了三天需要穿的衣服和另一套备用服装，我给他们准备了一路的零食以及他们喜欢的玩具，还他们带了几本故事书，准备晚上睡觉前讲讲故事。

我们选择了一家亲子度假村，并安排了丰富的活动，包括与小动物的互动，小朋友动手做陶艺，还有在花园里认识各种植物。这样的安排让我觉得三天的时间可以过得很充实，我也能够充分放松自己。

我和亚历克斯带着两个孩子到了度假村的时候，发现这里竟然有一个室外游泳池，而两个小朋友非常热爱游泳，看到游泳池的时候简直欣喜若狂。

而我在短暂的高兴之后，立刻意识到，我并没有给他们带游泳的装备。

"没关系的，我们去商店看一下是不是有简单的装备可以购买。"亚历克斯安慰我说。

事实上却非常不巧合，能给小朋友穿的泳衣，商店里正好没有。于是，大家唉声叹气着回到了房间。

小朋友先是表达了不能游泳的遗憾，然后很快就去花园的游乐场玩了，而我却还在自责中，情绪非常低落，我对亚历克斯反复说道："我怎么那么粗心呢，明知道他们喜欢游泳，怎么会忘记带游泳衣呢？"

"可是，他们并不在意了，他们有那么多好玩的，他们那么快乐，转眼就忘记这件事了。"亚历克斯安慰我道。

"可是，我还是很难过，非常自责，甚至觉得这一切都被我破坏了。"我对亚历克斯说道。

"看看眼前的大自然，"亚历克斯说道，"如果你还是让自己沉溺在这样的情绪中，你才会真正错过这一切的美好，然后接着你又会陷入另一种自责之中，自责自己错过了眼前的美好，不是吗？"

"确实是这样的。"我突然发现因为自责，我已经没有办法好好感受假期的放松了。

"我是怎么了？"我问亚历克斯，"我竟然会那么愚蠢，因为一个小小的事情，就差点毁了我们整个的假期。"

亚历克斯和我找了个太阳椅坐下之后，问道："你是怎么了？"

"什么？"我问。

"你还是在自责啊，"亚历克斯说道，"你已经做得很好了，我们全家人在一起度假，本来是一件非常轻松和自然的事情，并没有一个必须怎么样的标准啊。"

"是什么让你感觉到愤怒和压力呢？"亚历克斯问我。

"愤怒和压力？"我不禁反问道。

两个小朋友来找我陪他们去找植物，一起参加一个活动，在活动中，小朋友一遍遍地对我表达了非常非常喜欢妈妈之类的话。

他们也会和我分享他们的小秘密，以及动画片中的巨龙，然后在这样的一个下午，我感觉有一些力量从我心底生长起来，来自小孩子最真挚的爱的力量。

"妈妈工作那么忙，常常会不在你们身边，你们会不会不喜欢我呢？"我看似随意地问道。

"当然不会，我最最喜欢妈妈、爸爸，还有爷爷奶奶。"一个小朋友爽快地说道。

"我再也不说妈妈不喜欢我，这样的话了。"另一个小朋友补充道。

"所以即使妈妈工作很忙，也没有关系吗？"我继续问道。

"没有关系，因为每天都能见到妈妈啊，你如果出差一直不在家就不行。"小朋友们你一言我一语地说道，"如果妈妈可以给我买个玩具火车，那我会更喜欢你的。"

温情的睡前谈话终于在小朋友的玩具要求下结束了，等小朋友睡熟以后，我和亚历克斯在酒店的窗台上坐着聊天，享受难得的亲密时光。

"所以，最近咨询室里有什么麻烦事吗？"亚历克斯关心地问道。

"并没有。"我想了想说道，"只是觉得太久没有陪你和孩子了，内心有些愧疚。"

"嗯，看得出来，"亚历克斯说道，"你非常紧张这次旅行。"

"所以你给这次旅行赋予了很多意义。"亚历克斯继续说道。

"也许吧。"我说道，"我想放松一下，好好和孩子们相处一段时间，可能也包含着一些补偿的心理吧。"

"嗯，是的。"亚历克斯说道，"但补偿的心理，有时候一不小心就会毁了眼前的美好时光呢。"

亚历克斯说得非常有道理,当我们对一些事物抱有期望的时候,往往随之而来的便是失望。"所以,是因为我有着补偿的期望,才会对行程中的每个细节都如此苛求,很怕因为哪件细节做得不好,而不能达到目的。"

"所以,这样怎么能真正放松呢?"亚历克斯说道,"这样的话,怎么能让身边的人都感受到轻松呢?"

"嗯,是啊,"我认同道,"确实是我过度紧张了。"

"但是,我很好奇,你究竟在愤怒什么?"亚历克斯话锋一转,问我道,"你知道,自责,尤其是过度地自责,不也是一种愤怒的表现吗?"

"被压抑的愤怒?"我认真地想了想,然后小声地说,"也许是因为我的助理五月吧!"

"五月?"亚历克斯不解地问我,"我以为五月把你的工作都安排得井井有条,是你所有助理中最能干的一位,而且换了五月做助理之后,我以为你的收益也会比之前更好一些吧,应该压力更小吧。"

"所以我才没有办法对五月表达愤怒啊,这样的话,连我自己都很难说出口,对吧!"我想了想说道,"但是,五月每天都给我安排很多工作,看上去井井有条,我却连喘口气的时间都没有。"

我还是忍不住抱怨道:"而且,因为比以前多了30%的工作时间,我真的觉得陪小朋友的时间少了很多,这也是让我很愤怒的一点,但是我自己也知道,我很没有道理。"

"哎!"我自己叹了口气,仿佛看到了自己极其微弱的情绪,虽然很细微而且被压抑了,但总有一天,这样的情绪会越积越多,然后有一天爆发出来,毁坏我和助理五月之间的关系。

"这和五月没有关系,"亚历克斯安慰我道,"你要相信,我和儿子会一直支持你的，好好做好你的事情吧，你看，小家伙们睡得多香啊！"

通过和亚历克斯共情的互动，我发现我的自责得到了某种程度的自我宽恕，那是因为亚历克斯为我打开了看待一件事情的一个全新的角度，我通过他的想法看到了我自己的想法，而发生了改变。共情对我们最大的帮助就在于我们可以扩展自己的视野，看到以前我们看不到的内容。

度假回来之后，我对五月的态度也在不自觉地发生改变，她向我讲每天的工作安排的时候，我也不那么抗拒了，需要提早回家的时候，我也会直接告诉她，仿佛我们之间的沟通容易了许多。

但是我也常常在想，在自责的背后，压抑我们的究竟是什么呢?

直到有一天，我的咨询室里来了一位咨询者——M小姐。她进来的时候，穿着非常随便，戴着墨镜和帽子，也没有化妆，当她拿下墨镜的时候，可以看到她的眼睛是肿肿的，随时都会哭出来的样子。

M小姐缓缓和我说道："我只是想不明白，为什么会这样。"

"嗯，"我表示认同，安慰道，"你可以慢慢说，我在听的。"

"我和他算是青梅竹马，从小一起长大，我们十四岁就认识了，二十岁相恋，那个时候我们是同学，恋爱了八年，三年前结婚。"M小姐慢慢说道。

"但我觉得，命运可能和我开了个玩笑，"M小姐继续说道，"就在我们结婚之后的三个月，他被查出来得了淋巴瘤，一种慢性白血病。"

"嗯，"我试着理解M小姐的情绪，"那时候的你，也非常意外，不能接受吧。"

"是的，"M小姐说道，"但是无论如何，也挺过来了，原本以为日子就会这样一直过下去，没想到又发生了别的事情。"

"发生了什么事? 你看上去很悲伤。"我问道。

"上周三，他去医院复查之后就失踪了，最后一条消息是说准备回家了，然后他就再也没有回家。"M 小姐说完，陷入了沉思，似乎沉溺在自己的世界中。

隔了很久，她开口说道："我就记得，那天就像是我人生的分水岭，之前一切都是好好的，甜甜蜜蜜，然后突然那天，他说他不舒服，我们就去医院看急诊，没想到接下来就被判了死刑一般，他被确诊为淋巴瘤。"

M 小姐又陷入了沉默，似乎再度开口需要很大的勇气，她艰难地说道："我们一直在加油，我加了很多病友群，我怕他看到太多消息，关于他这个病无论是好的还是坏的信息，我都替他过滤一下再告诉他，虽然我很累，但是我也一直在加油。"

我安慰道："看得出来，你确实很累，也很努力地做这些。"

"我是不相信他会想不开的。"M 小姐说道，"但是他就这样走了，我报警之后，警察介入调查，看了医院门口的录像，他是下午 3 点半离开医院的，给我发最后一条消息的时候是下午 4 点多，这中间他又在想什么？"

"这些也都不重要了，最后警察告诉我，'他现在是安全的'，这样就足够了。"M 小姐说着说着，语气也轻松了起来。

"你很委屈吧？"我问道。

M 小姐抬起头看着我，说道："我不知道该怎么说，心情很复杂，觉得用尽了所有的力气，但是还是不死心吧，想问个为什么。"

M 小姐想了想，继续说道："第二天凌晨，他的同事和我的朋友都到了派出所，把我带回家，给我吃了一点东西，我就一直在那里吐，感觉整个世界都是灰暗的。这一个多星期，我已经不知道是怎么过来的了。"

我的助理送了一杯热茶进来，M 小姐把茶杯端在手里，感觉她有点手足无措。"这些都会过去的。"我说道，"这些现在就在你眼前的，看上去那么难的事情，总有一天都会过去的，这个过程我也会陪着你，一直在你身边。"

"我只是想知道，这一切是为什么？"M小姐哭着说道，"我们在一起的那么多细节我都记得，我们说好了要一起加油的，你说是我做得不够好吗？所以他才突然离开，是因为对我不满意吗？"

"这次检查的结果，有什么特别的吗？"我问道。如果突然在这个时间点上发生了这件事，我们只能试图去理解到底发生了什么，试图去理解对方的感觉。但是很多时候，任何猜测和理解都是没有办法接近真相的，唯一的作用可能只是帮助来访者通过这样的过程慢慢得到一个所谓的解释。

"我后来问了医生，也并没有什么特别的事，病情还是在控制阶段，并没有恶化。"M小姐说道，"我有时候甚至能接受是病情恶化了，这样一来对他的突然离开，至少也能成为一个理由。你说是不是？"

"有时候我又会觉得这样的我，特别可恶，竟然为了一个答案，希望他出事情。我都不知道我怎么了。"M小姐说道。

"我那个时候疯狂打他电话，然后一直打到电话关机，"M小姐哭着对我说，"所以他是自己离开的，他自己离开了我，没有意外，警察最后对我说，'人是安全的，他是一个成年人'。"

"突然发生这样的事情，你一定很难接受。"我说道，"不愿意接受的过程也是正常的，不用逼着自己一定要去接受，那太难了。"

M小姐想了想说道："嗯，一开始的时候，我确实很难接受，我总觉得这不是真的吧，我总希望睡一觉醒过来的时候，一切又恢复如初了，他还坐在书桌边看书，偶尔和我搭个话，我仿佛还能听到他的声音。"

"我手机里还有很多病友群，我还没有退出，已经两三年了，我想着也许他就出去待几天，过几天就回来了吧。"

"嗯，当我们接受一件特别不好的事情的时候，总是有个过程的，给自己一点时间。"我说道。

"但是我现在已经渐渐接受了，他不会回来了。"M小姐说道，"我只是想知道为什么，是我做得不够好吗？"

M小姐小心翼翼地问我的时候，我能感受到她的脆弱，所以尽我所能地安慰道："你做得很好，一直以来都很好。"

"但是，你有没有想过，退出那些病友群？"我小心翼翼地建议道，"有没有这个可能呢？"

"我不知道，我没想过。"M小姐说道。

第一次见完M小姐之后，我被她的情绪牵动了很长时间，当我们遇到一件非常不能接受的事情，比如亲友的死亡或者巨大的损失，我们常常会先否认，认为这是不可能的，就好像M小姐说的，她似乎常常能看到她先生坐在写字桌前的样子，她总觉得这是场梦，醒过来的时候就好了。

在经历过否定的阶段之后，我们常常会陷入一种愤怒或者讨价还价的情绪之中，有两种不同的归因方式：如果归因是外在的，我们就会说都因为谁或者怎么样，事情才会变成这样；如果归因是内在的，我们就会陷入不断的自责之中，就好像M小姐反反复复在问我，是不是她不好所以她先生才会离开，到底是哪里做得不对。这样的自责非常摧毁我们的日常生活，"如果我没有怎么做就好了"，这样的想法常常会突然冒出来，让我们沮丧不已。

而讨价还价的情绪类似于是一些我知道他会离开，但是难道就不能陪我看完这场电影，去完某个地方旅行，或者怎么样之后再离开的这种条件，而事情真正发生的时候，是没有办法满足什么条件的，而条件也是会不断更新和增加的，这样讨价还价的情绪也只是一种延缓我们接受的过程。

而不论是愤怒还是讨价还价，我们的情绪都会在这个点上被困住，就好像一头小兽在四方的空间里找不到出处，我们情绪在这里打转，一直到消耗完毕，然后从那个时候开始，我们会发现自己打不起精神，当那些愤怒或者讨价还价的念头再升起时，我们已经筋疲力尽了。于是，我们开始进入下一个阶段——抑郁。

我们每个人的求生本能会询问我们，是继续抑郁？还是接受现实？

这样的过程，我们有时候会走很久，甚至会走好几年，好几年的情绪绵长而细微，慢慢被压抑到潜意识中，甚至都不自知。

我对 M 小姐的态度很敏感，我常常会觉得非常能够理解她，甚至常常会想要为她多做一些什么。第一次见完 M 小姐之后，我去见了我的督导老师。

督导老师常常会帮助咨询师定期做一些心理疏导，或者自我成长，或者分析探讨一下个案对咨询师本人的影响。我的督导是医大的一位老师，他非常忙碌，但还是每个月抽出 1 个小时和我碰面。

那天我坐在他的面前，他说道："我已经很久没有看到你心事重重的样子了，是遇到什么难题了吗？"

"并没有吧。"我说道。

督导老师给了我一杯咖啡，问道："现在你手上的所有个案里，你觉得哪个让你更累一点？"

我想了想说道："有个 M 小姐，她的先生突然离开了。"我大概讲述了 M 小姐的情况，以及我们第一次见面的情况。

"你是觉得不知道怎么帮助她吗？"我的督导突然问我道。

"我第一次给她的建议是，先离开病友群，给自己换一个生活空间。"我解释道，"而不是一直沉溺于这种情绪之中。"

"为什么不能沉溺在这种情绪之中？"我的督导老师问我。

"什么？"对于这个问题，我感到有点震惊，但是我还是想了想，回答道，"因为不安全啊，她没有必要沉浸在那样的一个氛围中。"

"所以是你感受到了不安全，还是她？"我的督导老师继续问我道，同时他侧转过身，看着我，眼神中流露出一种温柔。

"我？"我不解道。

他温柔地看着我，似乎不愿意提醒我什么，而是让我自己去寻找问题的答案，这是一种在咨询关系中更开放更安全的自我成长。

"或者，"我迟疑地说道，"我想不到这个解释之外的可能性。"

我有点放弃道："M小姐坐在我面前的时候，我的感觉是她在给她先生治病这件事中，代入得太深了，她在代替她的先生承担一部分的情绪困扰。"

"很棒，还有呢？"督导老师鼓励我说下去。

"在我的感受中，M小姐并不能接受她的先生得了这个病，我不知道这种难以接受的情绪，和她先生的离开有没有关系。"我继续说道。

督导老师翻阅着M小姐的咨询记录，问道："所以，M小姐表达的是她的丈夫失踪了？"

"嗯，是的。"我看到我写的咨询笔记上，M小姐的原话是"上周三，他去医院复查了之后就失踪了"。

"而你一直在告诉我，他离开了，"我的督导老师温柔地说道，"所以，是谁离开了？"

我猛然意识到，我都没有发现，我在和M小姐对话的过程中，已经用"离开"这个更主动的词语，替代了M小姐口中的"失踪"。"我太主观了。"我甚至没有意识到，在我和M小姐的谈话中，充满了我的投射和判断，而根本没有真正做到共情地倾听。

"所以，是谁离开了？"我的督导老师继续问我。

"我不知道。"我想了想说道。

我们之间的沟通突然陷入了一种从没有过的沉默，我努力在思考，我面对 M 小姐的时候，我有一刻是手足无措的，我觉得她很可怜，我甚至对于她的要找一个答案的心情能够感同身受。

这样的情绪非常熟悉，熟悉到好像就发生在我的身边，这样的情绪似乎带我回到了十多年前的那一次旅行。

"我们的情绪，比我们的记忆更长久。"我对督导老师说道。

"所以你想到了什么？"督导老师问道，"不论想到了什么，都把它说出来。"

"那一年，我和几个朋友去旅行，在旅行的过程中，有个朋友的妹妹走丢了。就是突然有一天，那个女孩就不见了。我们取消了所有的行程开始找她，后来我先回来了，她们还在继续找她，发动了所有的力量。她是自己离开的，她姐姐回来以后伤痛欲绝，我们每个人或多或少都受到了一些影响吧。"我说这些的时候，语气尽量平缓，尽量显得与我关系不大。

但我的督导老师是一个专业且经验丰富的咨询师，他并不会那么容易就放过我，所以他继续追问道："那个时候，你为什么先回来了？"

"我有些事情需要处理。"我低着头说道。

"事实上，因为这件事情，我们这几个朋友，最终都和那女孩的姐姐疏远了。"我解释道。

"是因为不安全吗？"我的老师突然说道。

"不安全？"我重复道。我突然意识到，我在 M 小姐的咨询中一直在强调她和病友群继续接触是一件不安全的事情，这样的不安全感来自我自身的投射。

"所以是不安全感，让我急不可耐地离开了那个地方，"我重复并继续着督导老师的话说道，"其实，我今天应该有勇气说出这件事情的，我撒了谎。"

我看了一眼我面前的人，他并没有流露出什么异样的神色，所以我就放心地说道："那个时候我并没有什么急不可耐的事情要回来处理，我只是不想在那个地方继续待下去。"

我陷入了当时的回忆，说道："我们当时都很焦虑，也很害怕，找了几天以后，警察给我们的说法也是人是安全的，后来我们找到了那个离开的女孩子的包，里面有返程的机票和身份证。"

"有个朋友和我关系很好，她时时刻刻都在对这件事情表达她的愤怒，而她姐姐则不断地在自责，我当时情绪也很糟糕，感觉一直这样找下去，也没有一个尽头。"我控制了一下自己的情绪，然后说道，"而且当时，我甚至觉得这个妹妹的离开，对姐姐来说，也许不是什么坏事情。"

"哦？"督导老师很有耐心地听着。

我继续说道："我才发现，我一直在给这件事情做价值判断，之前我自己就偷偷觉得，那个妹妹离开对姐姐是好的，现在我又会觉得 M 小姐的先生离开，对 M 小姐来说也许也是件好事。"

我发现这一点的时候，非常惊讶，这个认知藏在我的意识中，藏得非常深。

"所以那个时候，我给了自己一个回来的理由，我就回来了，"我继续说道，"但是我并没有真正放过我自己。"

"哦？"督导老师鼓励我继续说下去。

"回来之后，我没有再和她的姐姐直接见过面，我通过一个朋友委婉地表达了对这件事的看法，希望给她一点安慰，但是在她最需要我的时候，我确实离开了。"我说道，"而因为我的提前离开，或者是因为我说的谎，我一直非常自责。"

"我甚至会想，如果我不是那么自责，我可能会更坦然地和她姐姐见面，或者如果我们真的见面了，之后的我可能就不会那么自责。但时间已经过去了，我当时也没有处理得更好，对吗？"我好像在问督导老师，又好像在问我自己。

"你说有个和你关系很好的朋友，一直在表达她的愤怒，你是怎么看待这件事情的呢？"我的督导老师引导我去看那些被我意识遗漏的地方。

"我觉得既然已经发生了那么不幸的事情，我们实在不应该表达这些愤怒、互相指责的话。"我想了想说道。

"所以，你的意思是，那个时候的愤怒是不应该被表达的。"督导老师继续说道，"你告诉我的是这个意思吗？"

我有点诧异道："所以我的愤怒的情绪被我的理智压抑了，这是我一直在自责的原因。"

同时我也想起了不久之前和家人去度假的事情，我突然觉得有必要和我的督导老师说一说："我确实很容易自责，我最近和家人去度假的时候，也差点因为过度自责而毁了度假的好心情。"

"不要那么着急给自己贴标签，不要那么着急给任何人或者事情贴标签。"我的督导老师提醒我道。

"或者，你是不是愿意再去看看 M 小姐的情况，我想你能找到帮助她的办法。"督导老师提醒我道。

"我能看到，我对 M 小姐是有一种不知所措的投射的，这种不知所措和我当时面对那位姐姐的时候，是一样的。"我让自己尽可能地放轻松，体会自己在诉说这件事情的时候真正的情绪。

"我感觉到不知所措，我想把那位姐姐赶紧带出那种痛苦，那种不断去找个答案的痛苦，在最后的时候，她纠结的已经不是找到她的妹妹，而是只想找个答案。"我想了想，不论是当时的我还是现在的我，都被这种情绪所影响，"我甚至觉得，她们现在的样子很可怕，我不想面对这些。"

"你在恐惧吗？"督导老师问道。

"是的，一种恐惧，非常深的恐惧。"我想了想说道，"可能来自我不知道该如何回答她们的问题。"

"什么问题？"我的督导老师让我继续说下去，"你觉得她们在找的那个答案，是什么？"

"是……"我沉默了。

"把它说出来。"我的督导老师鼓励我，我自然知道所有被压抑的语言都会慢慢积累成能量，而这种能量会逐步进入潜意识中，进而影响我们的生活。

"姐姐很害怕妹妹的走，是因为妹妹走了，姐姐在生活中确实是获利了，所以姐姐很自责，也许在很久前她确实有过希望妹妹不存在的念头。她在找的答案是，妹妹的离开不是因为姐姐的缘故，她在找一个原谅。"我说完之后，好像完全能感受到姐姐复杂又矛盾的心理，同时也完全能明白M小姐的自责。

我离开的时候不禁在想，我们的情绪是如此敏锐，又记忆深刻。很多年代久远的事情，我们的记忆可能早已遗忘了，但情绪的印记却一直都在，当我们往内探索，试着和情绪联结的时候，我们自然会发现情绪真的是多变又动人的一场游戏。

情绪就像大海，有时候惊涛骇浪，有时候风平浪静，但不论是惊涛骇浪还是风平浪静，都反映了我们的内在。这样的比喻，是不是让我们更容易去和情绪产生联结，更多地去观察自己在面对的究竟是什么呢？

因为M小姐从来没有真正接受她先生的病，所以她做的那么多事情有时候是带着愤怒的，而她自己并没有意识到，她的愤怒又掺杂了她的自责，不断地自责又让她不断付出更多，成了一个无法逃脱的循环。

M小姐第二次来我的咨询室的时候告诉我，她思来想去，还是把那些病友群都退出了。在这一周的时间里，她和她的朋友一起吃了一次饭，吃饭的时候，她又把这些事情反反复复说了一遍。

M 小姐对我说："我觉得我有些厌倦了，所以不想多提，我想放过自己，开始一种新生活，但是又有个声音会说，这也太快了吧，他就这样走了，你不自责吗？你不难过吗？你怎么能当什么事情都没有发生一样呢？"

"我感觉我自己快要分裂了，"M 小姐说道，"白天和朋友一起的时候，我会显得一切都过去了，但她们还是不放心我，坚持要陪着我；到了晚上，我一个人的时候，我就会常常流眼泪。我分不清到底什么样的生活才是更真实的。"

"我想我完全能够理解你的心情，好像你现在过的每一天的好日子都是对你先生的不尊重，你每感受到一分快乐，就会有更多的自责声。"我共情地说道。

"是这样的，"M 小姐激动地说道，"我表达不好这个意思，但确实是这样的。"

所以，我拿了一把空椅子放在 M 小姐的面前，说道："或许，这个仪式可以帮助你。"

我准备给 M 小姐做一个简单的空椅子的仪式。我们有太多需要表达的话没有来得及说出口，我们有太多的问题还没有得到答案，这是我们无法真正放下的原因。

"你可以想象一下，现在你的先生正坐在这个椅子上，你想对他说什么呢？"我引导着 M 小姐。

M 小姐闭上了眼睛，仿佛她的先生真的在她面前一般，说道："这些年，我知道你坚持得很辛苦，我也坚持得很辛苦，可我们不是一直都在加油吗？这些不是慢慢都会好起来的吗？你还说等好起来了，朋友们凑给你看病的钱我们一定要还啊。你怎么不说一声就走了。"

"你去了哪里？你现在好不好？是上天在给我们的命运开了个玩笑吗？为什么你突然不说一声就走了呢？是我有什么做得不好吗？"M小姐一边说一边开始哭，哭得泣不成声，但她的话语中，表达出了一种隐藏的不满和愤怒。

"你可以试着想象你现在是你先生，你会怎么来回答这几个问题呢？"我引导M小姐站到她先生的立场。

"我的病已经好不了了，虽然没有更严重，但也没有什么好转的迹象。你还那么年轻，你还没有孩子，你还有自己的生活，我不知道怎么和你说，你做的那么多事情我都知道，但是你做的事情越多，我却觉得我亏欠你的越多。我不知道自己能怎么办，我唯一能想到的好办法，就是让你重新开始你的新生活。"M小姐试着站在她先生的立场来理解整件事情。

"我不能让我的病成为压垮我们两个人的稻草，我一个人来承受这些就好了。我相信我走了以后，不用多久，你就会慢慢有自己的生活、工作、家庭、孩子。这样很好，不要再担心我了，我是一个要死的人，我不想再继续拖累你了。我也想去其他的地方，看看其他人的生活。还有记得，我是爱你的，你是一个特别特别好的女孩子。"M小姐说完这些话，瘫坐在椅子上很久。

我看到M小姐的表情慢慢变得轻松了。"所以他并不讨厌我，他是爱我的，对吗？"M小姐不确定地问我。

"是的，他是爱你的。"空椅子仪式感的运用有时候可以自然地把人带到对方的立场来思考问题，但无论这个答案是否是真相，对于来访者来说，都是一个他们在追寻的答案。

"不论他在哪里，我都希望他能平安幸福。"M小姐平复了刚才汹涌的情绪之后，平静地对我说道。

"是的，我们葆有这样的心愿就好。"我为M小姐而动容。

"如果我还是会想到他，怎么办？"M小姐问我道。

"那么就好好地想他，然后告诉自己，他去看看外面的世界，而你也要好好生活。"我说道。

这是共情的巨大能量的一次展示，共情可以将一些愤怒、压力的情绪转变为更正向的情绪，比如宽容、爱和理解。当我们与这些情绪联结的时候，我们可以得到喜悦、快乐和我们所需要的力量。

M小姐给我上了全新的一课，我也无数次地想象过离开的人和被留下的人，但当M小姐真正在我面前展现共情的力量，我感觉自己整个人也被彻底净化了。

这样的净化让我更相信，尽管我面对那位姐姐时，做得并不太好，但深藏在每个人内心深处的共情的力量都会帮助我们，更好地转化我们所面临的情绪，这是人的一种生存的本能。只要我们不将自己与情绪彻底隔离起来，情绪转变创造的奇迹就会发生。

因为M小姐的出现，我终于鼓起勇气又去见了一次那位姐姐，同行的另一位朋友也在。姐姐和我们讲了分开之后，她所经历的事情，她把更多的精力投入西部区域的公益活动中，现在活得充实并且快乐。

我们也小心翼翼地提到了突然离开的那位妹妹，姐姐说："她可能只是选了她想要的生活，我们祝福她就好了。"

六　孩子要长成什么样才能符合大人的要求?

　　佳欣是我的一个很多年的朋友,但我们平时的联系非常少,一方面是因为她的工作非常忙,另一方面是因为她几年前和她先生离婚了,她一个人带着孩子生活,似乎总是异常忙碌。

　　但是那天晚上,我正准备睡觉,佳欣突然给我打了一个电话。

　　"是这样的,我儿子出了点状况,我本来想带他去看心理医生的,但是我想想还是应该先问问你。你有时间吗?"佳欣说话的语速非常快,没有寒暄,直奔主题,她的语气非常焦虑,我想可能是出了很严重的事情。

　　"我明天上午是有时间的,"我想了想说道,"今天太晚了,明天上午你可以来找我。"

　　"好。"她干脆地挂了电话。

　　第二天,佳欣到了我的咨询室。她扎了一个马尾辫,看上去还是很精神的,完全看不出是一个已经40多岁的人,穿着简单的职业装,画着合适的淡妆,整个人显得精致而冷静。

　　她坐下以后,并没有任何寒暄,直接说道:"事情是这样的,我儿子现在上初一,读了一个私立的初中。你也知道的,他是从一个普通的小学,自己考上去的,我也没有多管他,所以我觉得他能考到这个初中非常不容易了。"

　　"嗯。"我表示赞同,同时感受到坐在我对面的佳欣的焦虑,她语速非常快，有一些不得不表达的情绪夹杂在语言中。

"我和你说，他小学的时候也有几次考到年级前几名的，到了这个初中呢，平时考个班级 20 多名，我其实觉得挺好了，我也不管他学习的，你说对吧？然后有几次作业也是得过 A 的，我挺放心的，也不觉得有什么问题。"佳欣说道。

"你电话里说他出事了？"我问道。

"嗯，我的要求一直都是老师不找我，就可以了。"佳欣停顿了一下，继续说道，"事情是因为前两天他的班主任把我叫到了学校，他说他觉得我儿子可能有点问题。我其实看不出有什么问题，但是听他的老师这样讲讲，又觉得好像是有点问题。我本来想带他去看心理医生的，但是想想可能也不好，所以先来问问你。"

"具体是怎么了？"我问道。我突然发现佳欣说话的时候一直在重复她的观点，她认为的事情，而并不是在陈述事实，这说明她在主观意识上非常想要表达，想得到某种认可。

而来访者对咨询师的表达，往往也是她在日常生活中的表现，所以我虽然会提醒她，但不会打断她。

"班主任说我儿子现在非常消极，先是班级组织画画比赛，他没有参加，然后有个歌曲串烧的活动，要求每个人都唱一首歌，老师会剪辑拼在一起。老师说他唱得很难听，很敷衍。对待学校的功课就是能完成，但是不积极。"佳欣想了想继续说道，"你觉得他是不是太消极了？"

"目前，我倒是没有看出来。"我说。

"其实我在家也没看出来，"佳欣继续说道，"但是他的另一个语文老师，是个男的，家里也有个小孩子在上小学，也来和我说了，说觉得我儿子没有目标，不知道自己以后要做什么，然后就说，可能是因为从小爸爸不在身边的关系，还说一般爸爸不在身边的小孩子都会比较容易出现这个问题。"

"什么？"我不太确定自己听到的，所以希望她再讲一遍。

佳欣又复述了一遍她刚才说的话，然后我问她："这个是你儿子吗？你真的相信吗？"

作为一个陌生人，我是不相信的，在孩子的教育问题上，有时候我是一个非常固执的人，我坚持每个孩子都是美好自然的，只要给他们时间，他们自然会长成他们本来的样子。

"作为他的妈妈，你信吗？"我问佳欣。

"我也不确定，我在家看着他写书法什么的都挺好的。他现在都是自己做完作业，有时候会打一会儿游戏，然后就去练书法。他最近喜欢上了写书法，所以常常一个人练字并且写到很晚。你知道我上班也很忙，所以其实我没有怎么管他。"佳欣想了想说道，"我上个月陪他去书店的时候，他买了很多书法的帖子，照着临摹。"

"我听着都挺好的，所以你觉得需要带他去看心理医生的原因并不是你觉得他哪里不对劲了，只是老师们表达了他对学校活动的反应不积极？"我问道。

"好像是这样的。"佳欣想了想说道。

"那你有没有试着和你儿子沟通一下呢？"我问道。

"其实面对和他沟通这件事情，我也挺怵的。"佳欣想了想说道，"你知道他爸爸很早就走了，他小时候有什么事情还愿意和我说说，现在大了，动不动就是要自己做作业，有什么也不告诉我了。"

"我也不想直接告诉他老师是怎么说他的。"佳欣补充道。

"还好你没带他去看心理医生。"我诚恳地说道。

"所以，你听下来，这个小孩是没有什么问题的，是吗？"佳欣不放心地又问道，"你觉得你有没有必要见见他，或者做个什么测试这样的？"

"别人一直都说家庭不完整的小孩子长大了很容易心理不健康。"佳欣喃喃地说道。

我想了想，对佳欣说道："那么多年你辛苦了。你一个人把你儿子养大，已经很不容易了，你给他的爱是最好的。你真的做得很好。"

佳欣突然抬起头，看着我，眼中有点湿润，含着泪水，却又忍住了。

她没有说话，我继续说道："现在我们试着放轻松，不要用别人的眼光来看待这件事情，我们来感受一下，你作为他的妈妈，你每次和他相处的时候，你的感受是什么。"

"他很爱我，有点腼腆，但有时候很有主见，有时候又很幼稚。"佳欣想了想说道，这一次她露出了真心的笑容。

"但是青春期的男孩子，不都是敏感又坚强，成熟又幼稚的吗？"佳欣突然问我。

"对啊，我们自己在那个年龄的时候，也是既叛逆又坚定地爱着身边的人啊。"我引导佳欣回忆自己在青春期的经历。

"别说不做那些副课的作业，我连主课都逃过，对老师说我病了那次，其实是偷偷去看刘德华的演唱会。"佳欣想了想说道，"现在想来也很夸张啊。"

"对啊，我们年轻的时候，也是疯狂过的。"我笑着赞同。

"最夸张的是有个男孩子向我表白，我们就在小区旁的公园，其实也没怎样，就是一直在说话，那个时候竟然有那么多话可以说，那么多时间可以浪费。"佳欣回忆着她青春阶段的故事，这样的回忆让她和自我有了一些真实的联结，喜悦的情绪自然地涌现。

"所以这样子想的话，我儿子真的是没有让我怎么操心啊！"佳欣回忆完她的过去之后，得到了一种很大的满足感，似乎是缘于她确确实实地经历了这些，而当时的快乐情绪在相隔了很久之后，依旧能够给予她力量。而当她打开这样的联结的时候，她似乎才能真实地看到自己，看到她儿子。

"我们会和小孩子一起成长一次。"我说道，"有时候这样的联结，会治愈我们很多童年的创伤，弥补我们童年的一些遗憾，是很珍贵难得的机会呢。"

"我真的好像有些可以理解他了，"佳欣说道，"他只是没有按照老师们希望的标准去做那些事情，对不对？"

"是啊，"我说道，"其实他是有自己的爱好的，并且也有非常热爱的书法，只是这个爱好和你们想要的目标不太一样。"

"嗯！"佳欣赞同道，似乎也能感受到沉迷于一种爱好的幸福感。

"世界上的花有万千色彩，我们的世界如此美丽是因为百花争艳，万紫千红。"我继续说道，"每个孩子有他自己的天性，有的是牡丹，有的是菊花，有的是百合，有的是红豆。不论哪一种花，做他自己就好了。自然而然地成长，不要指望每一朵花都是牡丹或者玫瑰，不要希望孩子们长成我们希望的样子。"

"这个很难。"佳欣说道。

"想想我们那个时候，希望被怎么样对待的心情，我们也就能理解我们的孩子，会希望被我们怎么样对待了。"我解释道，"这就是共情的理解。"

"有了这样理解的基础，或许你会更愿意看到你儿子的优点了。"我说道。

"他的优点？"佳欣不解地问道，"我不是很明白你的意思。"

"每朵花都有优点啊，"我继续说道，"每个孩子也都有天性中的特点，你尊重他的特点，他可以长成他本来的样子。"

"我真的很少管他，其实。"佳欣又一次说道，我想她在向我表达的是她给了她儿子足够的自由，但这种自由是和共情之后的自由完全不同的。

"我们可以讨论一下自由这件事情吗？"我问道。

"可以啊。"佳欣说。

"有两种自由，你只能靠感觉分辨出它们的不同。"我说道，"一种是漠视的自由，即对方做什么事情都不能得到关注。孩子为了得到关注甚至会做出更多出格和不被大人们许可的事情，但依旧得不到关注，这是不是也是一种自由？"

我接着说道："另外一种自由是来自爱，因为理解而能够认同，能够赞赏，所以可以放心地在自己热爱的事物上花费时间和精力。如果是你，会想要哪一种？"

我继续说道："何况，对于并不知道该如何选择的孩子，赋予他所谓的自由，让他做决定，不是家长的一种推卸责任吗？"

"我明白你说的意思了，"佳欣沉默了一会儿，说道，"我给他的自由确实更像是第一种，他现在不太愿意和我交流，我工作也很忙，两个人常常几天说不上一句话。我常常说让他自己选，但其实并没有告诉过他这些选择孰优孰劣，哪怕是我自己的一点经验。"

"你想和他交流吗？"我问道。

"当然想，"佳欣说道，"小时候他还会主动告诉我一些学校的事情，现在就完全不说了。"

"所以你认为的交流，就是他告诉你吗？"我问道。

"那还有什么？"佳欣意外地看着我。

"如果我想听听我儿子在学校的生活，我就会说妈妈今天工作遇到了一些什么事情，"我给佳欣举了个例子，"我会告诉他们这一天的工作之后，我的情绪如何，让他们感受一下。"

我看到佳欣很意外地看着我，我继续说道："我们希望自己被怎么样对待，别人也是这么希望的，我们想了解他们的生活，他们也想走进我们的世界。"

"我从来没有被这样对待过，从小到大，父母直接做好安排。"佳欣想了想说道，"我们不会去聊情绪之类的话，我妈妈是一个老师，她一直觉得我有和她说话的这些时间，还不如好好去看书、学习、做作业。"

"所以你也是这样对你儿子的，对吗？"我笑着问道，"你能看到这一切是如此惊人的相似吗？"

"是哦，我一直以为，所有的父母和孩子都是这样的。"佳欣讲道，"但是我有一次看到我同事带着她儿子一起来单位，她儿子围绕在她身边，每一分钟好像都要喊无数次的妈妈。他一会儿拿着零食和他妈妈说，他觉得这个最好吃，一会儿又会问他妈妈可不可以带他去吃冰激凌。"

"你看了是什么感觉？"我问道。

"我觉得这个孩子太不懂事了，一直在那里喊妈妈，换作是我真的受不了。"佳欣想了想说道，"所以我一直觉得，我儿子不来找我的时候，就是他最乖的时候。"

说完，她自己都非常诧异，然后说道："所以，我儿子是按照我的希望在生活着。"

"所以他才长成了现在的样子？"佳欣又说了一遍这个问题。

"你的同事对她儿子的评价是什么样的呢？"我问道。

"当然觉得自己的儿子是最好的，而且一点不觉得麻烦，她儿子的每个问题她都会回答，好像不觉得说那些废话很浪费时间一样。"佳欣想了想说道。

"你和你儿子们也会这样吗？"佳欣疑惑地问我。

"当然。我们有时会一起看动画片，如果我工作忙错过了，那么他们会告诉我动画片中的白龙和黑龙的故事；也会每天告诉我做了什么事情学了什么；如果我连着几天晚归，他们就会在一个早上特地早起，和我说一些你认为的废话。"想到和孩子们相处的场景，人自然而然会放松，因为他们是生命的自然状态。

我笑着接着说："但你有没有想过，也许就是评价一道菜是淡了还是咸了，今天的衣服是好看还是不好看，踢球的小伙伴做了一件搞笑的事情，或者换了一个不喜欢他的老师，这些被认为是废话的话，慢慢地描绘了你儿子的全部——那个真实的他。"

"说这些废话在我的童年是不被允许的。"佳欣突然说道，仿佛恍然大悟一般，"我一直被教育需要竞争，需要把时间放在那些有用的事情上，读书，做试卷。"

"我想到有一次我最好的朋友转学了，那段时间我一个人很孤独，一次我看到我妈妈一个人坐在那里，我就想和她说说这件事，但是我刚开口，她就让我不要说这些别人的事情，和我又没有关系，她只关心我考试得了第几名，或者谁又超过了我。"佳欣说道。

"你想对那个女孩子说什么？"我问道。

"我很想抱抱她，很想听她说话，很想……"佳欣想了想说道，"也许无数次，我也是这样对我儿子的，只是我没有意识到。"

"或者你知道，回去之后，你要做什么了吧。"我笑着说道，"有时候说说废话也挺好的。"

"最后我想说一点，不要再说单亲家庭的孩子会怎么样了，每个人的成长中总有这样或者那样的磕磕碰碰，不要给小孩子贴标签，不要把你的内疚感投射在他的身上。"我很认真地说道，"我们常常因为一个病人具体的病症不得不去寻找他的原因，但我们不能说这个原因一定会得这个症状，我们不能把话颠倒了说。"

佳欣走了之后我想了很多，一个孩子要长成什么样，我们常常用父母对待我们的方式教育下一代，这就像是一个怪圈，似乎逃脱不了。但真的逃脱不了吗？我们如果能和自己内心的童年联结，体会到我们曾经的经历是缘于何故，那么我们也会更理解我们面前的孩子，我们也可以用一种更加平等和共情的关系和他们相处。

七 对于追求的目标我们是不是有些误解了？

"现在的女孩子要怎样才能得到一段幸福的姻缘呢？"我早上一走进工作室，就听到我的助理五月在那里，高谈阔论。

于是我问她："怎么了？最近的恋爱不顺利吗？"

我刚坐下，五月就拿着她的茶杯挪到我的桌前坐下："亲爱的，你说说看，现在的男生怎么就那么喜欢搞暧昧呢？同时和几个女孩子交往，不主动，不拒绝。哼！"

"哦？"我一边打开电脑开始一天的工作，一边听五月说着她的观点，并不太在意。

"你听我说呀，"五月认真地撒娇道，"我分手了，你就不安慰我一下吗？我明天要因为失恋请个假。"

"哦？"五月说要请假，这个倒是破天荒的事，引起了我的注意。我抬头看着五月，说道："你要不要和我说说，到底是怎么回事呢？"

"就是白谈了三个月啊，出来的时候大家见面也是挺好的，不见面的时候呢就绝不会主动联系我，感觉像是失踪了一样。"五月表现出一副很不在乎的样子，"这样的男朋友还是算了吧，我昨天让他来接我下班，他说在他师傅家吃晚饭，然后话里话外就表达了师傅想要他做女婿，师傅的女儿很看重他的意思。"

"这样的话，你说谈着又有什么意思。"五月说。五月是现代社会很普遍的独立女性代表，有一份工作能养活自己并且过上精致的生活，有自己的主见，能够自己愉悦自己，但是找男朋友这件事情，却成了生活唯一的不愉快。

五月在短短一年时间，接触过二十几个男生。短则相亲见一到两次面，长则交往三个月，目前没有超过半年的，每个男朋友都会存在这样或者那样让她无法忍受的地方。五月常常会问我："为什么我就遇不到一个好男人呢？"

这个问题我也很难回答她，我准备好好听听五月的相亲故事。

"所以就是因为他说了这个话，以及没有来接你下班，你们就决定分手了吗？"我问道。

"我们大吵了一架，然后谁都不让谁，最后就直接分手了。"五月想了想说道，"我总觉得，其实如果不是家里面催着我结婚，真的没有必要应酬这些无聊的男人。"

"无聊的男人？"我好奇地问道。

"是啊，我现在真不知道为什么我们生活里还需要一个男人。"

"嗯？"我问道，"是因为你觉得自己什么都能搞定？"

"对啊，现在的都市女性'肩也能扛，手也能提'，还要男人干吗呢？"五月顺势说道。

"所以你找个男人只是为了给你提东西扛东西的吗？"我好奇地问道。

"那你告诉我还能干什么？"五月好奇地问我。

"还能……"我想了想说道，"在你失望的时候鼓励你，在你高兴的时候和你分享，在你往前的时候和你同行。"

"你以为男人都和你们家亚历克斯一样啊？"五月笑着说道，"我觉得我遇到的大部分男人都是在做比较而已，把我和其他的人比来比去，我一点都不喜欢这种感觉，开口就是'她们怎么怎么样，你为什么不这样'，'我之前遇到的女孩子都吃很少，我看你胃口很好啊'。"

"好像我和别人不一样，就是我的不对了，或者他们不断在和自己心里的那个标准做比较，什么要985大学毕业的啊，工作要是办公室秘书啊，薪水要在1万元以上啊……很多很多条件。这些还好，还有一些很莫名其妙的，什么要喜欢看书啊，开口闭口就是最近读的书啊……"五月继续抱怨道。

"所以，你对你面前的男生没有要求吗？"我笑着问道。

"没有，我只看眼缘啊，有眼缘就继续聊下去，没有缘分的话就算了。"五月想了想说道。

"所以看缘分，是最高的要求吗？"我问道。

"什么？"五月不懂。

"在我年轻的时候，有个姐姐对我说过一段话，我就一直印象深刻。她说，'缘分是结了婚的人不知道如何描述才说的话，而对于没有结婚的人，还是需要努力的'。"我笑着给五月转述一番。

"那让我先想想有个男的到底能让我的生活改变什么吧。"五月聊完，爽朗地走出去了。

那天下午，我的咨询室来了一位特殊的客人，她长得非常漂亮，年龄看上去也很小。"你好呀！"我给她打招呼。

她戴着墨镜，不愿意拿下，说话非常小声，柔柔弱弱的样子："我这样可以吗？"

"可以啊，"我说道，"你想和我说什么呢？"

助理说这位来访者约了我两个小时，但并不愿意提前告诉助理主要的咨询内容和方向，只是说想找个咨询师聊聊天。

"我也不知道该怎么说。"她轻轻说道。

"可以叫你小莲吗？"我看到她留的名字中有个莲字，这么问道。

"嗯，我的朋友们也是这么叫我的。"小莲说道。

"我是一家地产公司的女高管，年薪也有两三百万。"小莲说道，"我和我先生，今天离婚了。这种情况，在我们地产圈中并不罕见，因为常年在外工作，夫妻感情破裂。"

看着小莲柔弱的样子，我之前倒是没有把她和公司高管想到一起去，我鼓励她继续说下去。

"虽然我的外表在别人看来柔柔弱弱，但是我的内心特别强势。从小我就被教育要拿第一，读书要拿班级第一，然后是年级第一。有一次我记得我考了班级第三，回去我妈妈就对我不冷不淡的，没有批评我，也没有和我说话。很久以后等我长大了才反应过来，那个大概就是所谓的家庭冷暴力吧。

"后来，从小学到大学，我一直都是名列前茅的，从来没有让家里人操过心。但是为了保住这个第一，真的太不容易了。我付出了太多，没有时间交男朋友，没有享受过一天大学的生活，社团这些课外组织，即使很想去试试，我也没有时间。我最开心的时候就是拿奖学金的时候，后来我发现，我除了读书，什么都不会。

"工作之后，拿第一就越来越难了，我用尽全力，也很难拿到第一。但还是能拿到一个很不错的成绩。"

"工作了就没有了那种读书时候的成就感？"我补充道。

"是啊，工作了，也不再是努力付出就可以了，但是我还是打造了属于我自己的一方天地。"小莲说到工作的时候，充满了骄傲。

"其实和我先生结婚的时候，家里人就是不同意的，他是一位军人。薪水和收入都不如我，也不太顾得上家里。但是我很喜欢他，特别喜欢他穿军装的样子，特别挺拔，所以我们就不顾家里人的反对结婚了。"小莲说到这里，停顿了一下。

"后来呢？"我看小莲突然不说了，就问道。

"后来，结婚以后，他去他部队所在的城市，我继续在我工作的城市，我们也算是两地分居了，好在也不远，坐火车3个多小时吧。"小莲继续说道，"那个时候他是没有办法请假的，我工作也非常非常忙，但还是想尽办法攒了假，哪怕在那只能待一天，我也会坐6个小时往返的火车去看他。"

"就这样一直到我怀了冉冉，我再也坐不动火车了。"小莲又沉默了很久，然后说道，"一直到冉冉出生，他都没有回来过。"

"现在想想我们真正的感情破裂，是从这个时候开始的。当时我还天真地相信他就是忙，部队里请不出假了。"小莲继续说道，"一直到孩子生完，他请了一个星期的探亲假回来看孩子，当时就直接吵开了。"

"我生孩子，都是我父母来照顾我，他回来真的什么事情都不做，像个大爷一样，还要伺候他，然后他还嫌弃地说了句不就生了个女儿，还以为你有多了不起。"小莲说着说着又激动起来。

"你听到这话，那该多么伤心啊。"我安慰道。

"后来我们就一直争吵，但从来没提过离婚这件事。"小莲说道，"可能我已经习惯了什么都靠自己吧，虽然他不在身边，我一个人照顾女儿，但我总想着给女儿一个完整的家庭。而且说实话，我工作那么忙，他又一直在部队，有一段时间我真觉得这样挺好的。"

"我的冉冉特别懂事，从小读书、跳舞都是她姥姥、姥爷带着去，从不要我操一点心。我真的太忙了，每天到家她都睡了，早上她还没起来，我就又出门了。现在我给她买了个手机，她想我的时候也可以给我发发微信，不过我常常是只有上厕所的时候可以回一下消息。"小莲继续说道。

"这样的生活，是不是很辛苦？"我共情地问道，甚至能感受到小莲用那么瘦弱的身影扛起整个家。

"辛苦,非常辛苦。"小莲说道,"但好在我这几年的薪水一直都很不错,工作职位也不断上升,算是走得比较平顺的。"

"我今天和我先生终于办了离婚。"小莲想了想说道,"他说房子是婚后财产,最后我给了他 40 万。他终于把这个婚给离了。这十几年,为了这个家,你说他付出过什么?"

小莲问我,我无法回答她,但是看到她的性格如此强硬,生活得如此辛苦,我很想真正帮帮她。

"你做了那么多,终于离婚了,也许这是一件值得高兴的事,对吗?"我试着安慰她道。

"其实,这个婚,真的不是我想离的,你信吗?"小莲无奈地说道,"在婚姻这件事情上,我是彻底输了,其实不离婚,即使不在一起,也没什么关系,这样的生活我也能接受的。"

小莲的话让我大吃一惊。

"我生完孩子大概 3 年吧,查出来脑子里有一个脑垂体瘤。"小莲说的时候好像在说一件和她没什么关系的事情,"他听说这件事吓死了,就吵着闹着要和我离婚。"

小莲叹了口气说道:"从那个时候开始,我们就一直在闹离婚,也有五六年了。一开始是他想离婚,后来他又不想了,我这几年职位一直在上升,薪水越来越高,也开始买房置业了。他就更不想离婚了,也不回家,就这么耗着,偶尔回来也是大吵大闹,吵到这个家不成样子,几次都把冉冉吓哭了。后来我没办法,就想着能离婚还是赶紧离婚吧。"

"我的朋友也劝我赶紧离婚。"小莲像是终于躲避了瘟神一样说道,"现在即使分割财产,真正分割的也少一点,等以后我职位更高了,就更麻烦了。"

"我只是想找个人,把这些都说出来。"小莲说道,"我也没办法和我的同事说，工作那么多年，大家都争得很厉害，早就没有朋友了。"

"你的工作，平时压力很大吧？"我听小莲提到了她的同事，感觉她有太多需要表达的部分，所以我引导她继续说道。

小莲迟疑了一下，然后说道："确实很大。"

我们对于已经过去的事情说得很自然，是因为意识中觉得那是已经过去的事情，并不会影响我们现在的生活。

所有可以轻易说出口的话，对我们内在的影响相对小一些，而如果是正在发生的事情，对我们的影响会较大，这个时候我们反而很难说出口。

当我们习惯于和现在的生活失去联结的时候，我们常常会怀念过去，或者畅想在未来中，而对于现在，我们会变得麻木，不愿意去想也不愿去多谈。

"其实，在我的行业中，没有任何休息的机会，这种竞争可能是你想象不到的。你听过 996 吗？我们是 007，每天从 0 点工作到 0 点，一周工作 7 天。我们这个行业的人，要么失眠，要么接近抑郁，心理都不怎么健康。

"但是谁都离不开这份工作，因为薪水高，即使现在有时候薪水也不那么高了，而且工作环境很差。加班是正常的，不加班？没有人能够不加班。其实我已经很久没有休息过了，我真的觉得太痛苦了。"

小莲没有再说下去，她似乎在思考怎么让我能够理解她的生活。

"这个感觉类似于，"我试着理解她道，"疲惫，不断地疲惫，精力被耗尽的感觉。"

"对，不那么想活，也不那么想死，疲惫，深深地疲惫。"小莲想了想说道，"身体累，心更累。工作不能出一点点错，还要时时刻刻提防着别被同事给坑了，或者做了背锅侠。"

"所以，听上去是一份心理压力很大的工作。"我理解道。

"是，每天都不知道会做到哪一天，哪一天就再也熬不动了，或者身体突然垮了，或者突然被公司约谈了，或者哪天忍不住就辞职了。"小莲很悲伤地看着我，"在这个行业中，女性一直是受到歧视的，男性 40 多岁是黄金年龄，40 多岁的女性在行业内几乎看不到几个人。"

"所以你一直在担忧中，没有一刻得到安宁。"我说道。

"是啊，手机 24 小时必须开机，自从有了移动办公，每分钟都离不开手机，到哪里都在工作。我们行业内有个词叫时保联，你知道吗？"小莲问我。

"时保联？"我并不是很清楚。

"就是时时刻刻保持联系。"小莲笑着说道。但这个词并没有什么可笑的，在这个词的背后，我感受到了小莲深深的焦虑和不安。

"最近，这份工作给了你很大的压力，是吗？发生了什么事情吗？"我从小莲的语言中感受到一丝她在求助的信息。

"嗯，是发生了一些事情。"小莲想了想说道，"我的领导和我的下属联手逼我辞职，已经把我从区域管理逼到了只负责一个项目的管理，而且还不断把出问题的事往我身上推。"

"我也不知道哪天就熬不下去了，现在就业形势太差了，不论他们怎么对我，我只能咬牙熬下去。我很多以前的同行现在都在家待业，已经一年，有的甚至已经两年了。他们不是一些不聪明的人，他们也是聪明能干，名牌大学毕业，并且有丰富的工作经验。但还是一样，在家待着，没有工作，也不知道什么时候有工作。"小莲说的时候脸上露出了深深的悲伤，有一种强烈的无助感。

"我需要赚很多钱养家，还有小孩，还有我的父母，这是一道你无法帮助我的题目。"小莲看着我，并不抱什么希望地说道，"也是一道生活中无解的题目，并不是找个心理咨询师说一说就会有什么效果的。"

"如果我可以给你一个答案呢？"我温柔并且微笑地看着她，"你要不要试一试？"

小莲不置可否地看着我，但明显她已经心动了。

这道题目看似无解，是因为我们被内在的观念所约束了，或是对自我认知的局限，或是对追求目标的误解，或是因为一些错误的信念。世上并没有真正无解的题目。

从做咨询师第一天起，我就被要求把一个被逼到无路可走的来访者，带往更高的视角去看待问题。俯视的视角需要突破固有的认知和情绪才能达到，这不是一件容易的事情，咨询师首先要用共情的眼光发现更高的一个视角，同时也需要运用大量共情的沟通和共情的力量，让来访者能够自己感受到更高层的视角，并自发地从这个视角思考问题。

"那我们就试试吧，"小莲想了想说道，"你可以说说你的建议，或许是个好建议。"

"你小的时候，考试没有拿第一的时候，是不是很希望你妈妈可以抱抱你，安慰你，而不是不理你？"我温柔地问道。我们从小到大，被植入了很多不属于我们自己的观念，比如竞争，比如考试考第一名。

小莲没有回答我这个问题，所以我继续问道："那个，没有考第一就被冷落的小女孩，很伤心吧，你猜她会做什么呢？"

"她在心底发誓，以后一定每件事情都要拿第一。"小莲说道。

"每件事都拿第一，很辛苦哦。"我说道。

"辛苦也辛苦的，但是我已习惯了。"小莲说道。

"真的习惯了吗？"我问道。

"你什么意思？"小莲问我。

而我看着她，并没有说什么，我能感受到她在抗拒去思考，她已经太习惯忽略内心的感受了。

"那个很伤心的小女孩,其实也有过一个问题,'为什么读书不好的时候,爸爸妈妈就不爱我了呢?'"我好像回到了小莲小时候,我让自己先感受那个孩子哭泣的时候,是多么无助。

"但其实不论你做得好或者不好,你都是值得被爱的。"我继续说道。

"你不用担心做得不好,或者比不过别人,这些都没有关系的。"我说这些的时候,看到小莲的脸色变了一变。

她哽咽了一会儿说道:"真的没有关系吗?我从小到大的人生,都是在和别人的竞争之中度过的,只能赢不能输啊。"

"我知道。"我说道,"但你也会羡慕那些读书不那么好,却很快乐的人吧。"

"很羡慕。"小莲想了想说道,"我有个朋友,工作也很出色,家庭也很幸福,她看上去不需要怎么努力,好像就可以得到所有的幸福,最关键的是,她做什么都总是高高兴兴的,即使在我们竞争那么激烈的行业内,她也好像什么都不在乎的样子,是真的不在乎的那种。"

"可是我做不到。"小莲想了想说道。

"你想做个小实验吗?是一个放松的练习。"我发现我和小莲的对话一直都在她的心外,很难和她的内在产生联结,所以我建议做个简单的放松练习。

"好。"小莲回答,"这样的放松练习,是不是会帮助我减少一些压力?"

"是的,你自己一个人的时候也可以尝试。"我建议道。

"我们听一段音乐。"我打开一段轻音乐,故意把音量调到很低。

随着音乐我轻声说道:"我们可以听到音乐,我们可以清楚地知道我们能够听到音乐,现在把生活中所有的烦恼、焦虑、烦琐的小事——那些我们以为的苦痛——都先放在一边。把一切都先放在一边。我们现在把注意力全部集中到呼吸上，我们知道我们在呼气，吸气，很深地呼气，很深地吸气，做几次深深的呼吸。

"然后我们试试，在每完成一次完整的呼吸时，我们试着让呼吸停止，就安静地止息几秒钟，我们感受一下在呼吸止息时候的宁静。深深地吸气，缓缓地呼气。

"现在想象你每一次的呼吸都经过心脏，想象你正在通过你的心脏呼吸，想象每一次呼吸的时候都吸入清新的氧气。这些氧气滋养了你的身体，每一次呼气的时候，我们呼出的二氧化碳其实是在呼出我们身体中的焦虑、沮丧、压力、痛苦，所有我们不需要的。

"我们继续缓慢地呼吸，想象缓慢轻盈的呼吸，让我们的身体充盈在空气中，让这种缓慢而专注的呼吸，净化平复我们的心绪。

"让我们最大限度地集中注意力于呼吸上，让我们在忙碌的生活中，获得一些喘息的机会。

"我们所有的注意力都在我们的呼吸上，我们深深地吸气，缓缓地呼气，清楚地知道每一次吸气和呼气。

"现在，我们试一试来回忆任何一个和爱、感恩有关的场景，可以是任何和平自然的景象，可以是你最爱的人，你孩子的笑脸，可以是第一次看到太阳升起的景象，也可以是听到一朵花开的声音，可以是你旅行时经过的某个地方，是大海的波浪在阳光下闪闪发光，或者是碧绿的一望无际的草原。

"不论是什么场景，只要能给你带来愉悦、温暖的感觉，你都可以得到鼓励。专注于这样的感受，随着呼吸感受这种喜悦，专注于这种喜悦的回忆中。"

我看到小莲一直紧张的表情开始放松下来，嘴角甚至有些微微向上扬，于是我引导她慢慢从宁静的状态中抽离："我们现在开始把注意力完全回到呼吸上，我们做三个深呼吸之后，就睁开眼睛。"

"第一个深呼吸，第二个深呼吸，第三个深呼吸。好，现在睁开眼睛。"小莲随着我的声音睁开了眼睛，经过这样的训练，她的眼睛中闪着自信的光芒，心也变得平静起来。

"谢谢你。"小莲睁开眼睛之后说道，"我从来没有感受过这样的放松，但是又充满了喜悦的感觉，我突然觉得，我还活着。"

"刚开始我看到你有点紧张，能告诉我看到了什么吗？"我问道。

"一开始我看到一个小女孩，一个人在那里哭，却没有声音，四周都是墙壁，那个房子不大，暗暗的也没有窗。我以为她是我的女儿冉冉，赶紧走过去看看，但那不是冉冉，我看到的那个小女孩比冉冉只大一点点。

"她说没有人陪她玩，没有人喜欢她，然后一直在那里哭。我问她，你的父母呢？她说她找不到了，我又问她你没有朋友吗？她说没有。然后她问我愿不愿意陪她玩。

"后来我拉了她的手，她就带着我去了以前我和冉冉去过的一些地方，所以我突然发现，我最快乐的时候，就是每一次和冉冉在一起的时候。"

"记得这种感觉，如果需要的话，下周我们可以再约这个时间。"我告诉小莲。

小莲的压力来自我们从小被教育，我们需要和其他人竞争，我们要做最好的那个。我们从来没有意识到，我们无时无刻不在追求这种竞争的关系，我们和我们的朋友竞争，和我们的家人竞争，和我们的假想敌竞争，这种隐秘的竞争关系造成了我们紧张的社会关系，糟糕的人际交往，甚至连我们自己都不知道原因。

我在很小的时候，有一个非常疼爱我的长者，每次去他家玩的时候，见到他我都会很高兴。他会给我讲故事，也会拿好吃的东西给我吃。在他家的时候，可以说是我最快乐的一段时间。可是有一天，我突然发现除了我以外，还有其他的几个小孩子也像我一样围绕在他身边，听他讲故事。那个时候，我突然变得不那么快乐了，后来渐渐地，我也就不再去他家玩了。

现在的我自然知道，当时让我不那么快乐的原因是一种和其他人竞争和比较的心理。他对我很好，但是他对别人也很好，那么他对我的好改变了吗？没有改变，但是我们习惯了要做第一，要做最好的那个。

我渐渐失去了那位长者的联系方式，这件事成了我记忆里的遗憾，但是也让我在面对每一个人、每一份感情的时候，尽量学着放下和别人比较的心理，简单地关注两个人之间的状态。

我们所追求的目标，并不一定要比别人更好，而是真正让我们快乐和幸福地生活下去吧！如果我们被困在一段段的竞争关系中，会很难得到我们所真正需要的快乐。有时候，不是我们的追求错了，而是我们追求的目标错了。

八　不可言说的依恋关系

"见了他，她变得很低很低，低到尘埃里，但她心里是欢喜的，从尘埃里开出花来。"这是张爱玲爱着胡兰成的时候说过的一句话。当一个女子爱上一个男子，就会变得很低很低，低到尘埃里去。

我的助理五月说这是放屁，我哈哈大笑。

生活中最好的关系，哪有那么多委曲求全、惩罚和救赎呢？在所有的关系中，我都喜欢势均力敌，可以忠于内心，可以自由表达，可以减少矛盾和冲突，或者更进一步，如果一段关系能够让双方互相成长，那么我就会认为，这是很好的关系了。

丽丽的妈妈陪丽丽来到我的咨询室时，丽丽才二十岁，就失去了一个孩子，结扎了半边输卵管，尝试自杀三次，高中学业没有完成。看着这样一个花样的女孩，世界观和人生观正在这个阶段形成，性格也慢慢成长，如果这样的年龄被比作花季的话，那么丽丽却是经历了风雨，飘摇欲坠的样子。

丽丽妈妈讲述了丽丽的经历：高中时候遇到了一个奶茶店的男孩子，后来就背着家长开始恋爱，发生关系，再后来丽丽辍学，偷家里的钱，不愿去上学，在家长的眼中无可救药，一直到她吞下一整瓶的安眠药。

再到离家出走，割腕，这两年随着丽丽不断出事，她的父母也瞬间老了十几岁，明明也就五十多岁，丽丽妈妈看上去却好像六十多岁的样子。

"我们说的话她一点也不肯听，"丽丽妈妈说道，"我们是真的没有办法了，这孩子就这么毁了啊。"

我给丽丽的妈妈和丽丽安排了不同时间段的咨询，对于咨询师来说，我们需要观察自己的情绪以确保不会被来访者的经历所影响，我们也要常常注意是否会将自己的道德评判标准不自觉地带入咨询的互动之中。咨询师体验并且理解来访者的情绪，但并不因此而认同产生同情和痛苦，也不因此而抵抗、批判，这才是真正的共情。

如果我们希望来访者因为我们的咨询进展而呈现出有所改善的症状，一旦来访者并不能表现出这样的状态时，咨询师是会感受到挫败感的。同样，如果咨询师有这样的期待的话，也会在潜意识层面暗示给来访者，而导致整个咨询关系的失败。

"我已经很久没有再见过他了。"第一次见到丽丽的时候，她小声地说道。

单独见我的时候，丽丽表现得非常乖巧，安安静静地坐着。她剪了齐耳的短发，穿着白 T-shirt，和所有在读书的孩子一样，没有什么特别的。

"如果不想去回忆那些事情的话，不说也没有关系。"我说道，"我们可以聊一些你喜欢的事情，什么都可以。"我试着把话题尽量导向轻松的氛围，我能感受到丽丽的小心翼翼，理解丽丽的沉默。

"我没有什么喜欢的事情。"丽丽想了半天说道，"我现在什么都做不好。他们都说我已经完了。"丽丽的语气中透露出无所谓和无奈，这让我看到了希望。

"那你是怎么觉得呢？"我问道。

"我也觉得我已经完了。"丽丽声音很轻，有气无力地说道，"我不知道我为什么而活着，我也不知道我以后该怎么办，他们都说他把我毁了。现在我父母把我关起来，为了不让我死，也为了不让我见他。可是我这样活着有什么意思？我真的很爱他，我也真的很痛苦。"

"他们说你能帮到我。"丽丽抬头看着我，小声问道，"你能吗？"

"你可以相信我，我一定可以帮到你。"对于丽丽的问题，我肯定地说道，"无论任何时候，我给你这个特别的优待，在任何你需要我的时候你都可以找到我。"

"你为什么要帮我？"丽丽抬起头，有些不可思议，有些怯懦地问道，"因为你是我的心理医生吗？"

我明白丽丽在问什么，有时候我们都需要被特殊地对待，在某一个时间段之内，特殊对待会让我们重新累积自我价值感，从而慢慢建立自信。

"不，因为你还那么小，因为你值得被我们好好爱着。"我想了想，温柔地告诉丽丽，"你只是遇到了一些事，这并不代表你不好，或者有过错，这个阶段我会和你一起走过去的。"

人和人之间需要连接，有时候在和一些被逼入绝境的人交流的时候，我们在某个关键的时候，一句温柔的话语，就可以向一个人伸出援手了。

所有被逼入死胡同的人，无论经历过多么糟糕的遭遇或者多么绝望的情绪，他们都会本能地求救，如果这样的求助哭喊被听到，被回应，那么对他们来说，爱和宽恕就可能实现。

一般我很少对来访者说肯定和引导性的话语，但是我希望丽丽知道，她是特别的，我能够听到她话语中深处的呼救，她需要知道她是被爱着的，无论她遇到了什么，她是可以被温柔以待的。

"接下来，一定会好起来的。"我坚定地告诉丽丽，"我会一直在这里，你想要对我说什么都可以，我会尽我所能地理解你的想法和感受，也许有时候不那么准确，但是我可以保证我会尊重它们，我会认真负责地回应你的念头和你的感受。"

丽丽不太相信地看着我，我继续说道："我永远都不会失去对你的希望，如果你觉得好像已经没有办法迈开脚，已经无路可走了，那么我把我的希望和信念借给你，好不好？"我希望我的肯定可以给丽丽一些力量，就好像很多年前，在我对自己完全失望的时候，我也是依靠某位我无比尊敬的长者的信任而慢慢重建自信的。

"你把你的希望借给我？"丽丽好奇地问道，而我看到这个时候，她的眼睛里有光闪过。

"对，借给你，"我笑着说道，"对自己充满希望，一直到你找回你自己的力量。我相信你可以，一定可以做到的。"

"我的力量？"丽丽不解地问道。

"是的，我们每个人都有的力量。"我笑着说道。

这次谈话之后，丽丽答应我，她会试着把她的每个想法告诉我，她会试着用我借给她的希望生活下去。

在我和丽丽妈妈咨询的一个小时里，我的助理安排丽丽在咨询室外面做一个专注力的训练，这个训练因为需要完全集中注意力，而可以让人感受到很大的平静。

当我们的注意力集中于一件事物上的时候，就好像我们把力量集中起来，做好一个事情。我们就会变得比较安定，而不容易被各种念头和情绪左右，这也就是我们一般说的把心静下来。

对于丽丽来说，让她的大脑暂时离开各种纷乱的念头，暂时停止思考，远离一些负面的念头，把注意力集中在正向的训练上，哪怕得到片刻的安静，对她也是非常有帮助的事情。而专注的能力，需要慢慢训练，有了专注力，才能有敏锐的感受和觉察力。

丽丽妈妈试着和我讨论了关于丽丽的情况，但是我更关注的是她自身的情绪状态，以及她的痛苦、绝望和焦虑。她并没有意识到，是她的情绪在很大程度地影响着丽丽。或者说，我们有时候确实会将我们和父母的相处模式，一直延续至我们所有的人际关系中而不自知。

"我的女儿是有什么心理疾病吧？"丽丽妈试探地问我，"是抑郁症还是什么呢，我听别人说得抑郁症的人是会一直想自杀的。"

"丽丽现在确实出现了一些状况，但是我们不能仅凭一个简单的标签就确定地说她是怎么了，或者得了什么病。"我解释道，"也许有的人会说她有抑郁症、人格障碍或者自卑、妄想、焦虑，但是我不想那么直接就去给她定性。"

"你觉得哪个标签在描述你女儿的状态呢？"我问道，"或者，你觉得你的女儿是什么样子的呢？"

"我是觉得她现在这样，可能是有心理上的什么病吧，"丽丽妈妈想了想，失望地说道，"不然怎么会这样呢？丽丽她小时候是很听话也很懂事的，不太爱说话，但是我们也不太为她操心的。没想过有一天会变成这个样子。"

"和你们想要的样子不一样，是吗？"我问道，"你看到的丽丽，变成了什么样子呢？"

"就是现在这样啊！"丽丽妈妈对我有些愤怒起来，似乎那么明摆着的事情我却一直在问她，"我都不知道怎么说她。"

"现在这样是什么样呢？"我继续问道，并不想让她那么容易就把话题跳过去。

"还要我再说一次吗，她和外面的男人搞在一起，那么小年纪不自爱，简直不要脸，还自杀，我们做父母的为了她真的是操碎了心。"丽丽妈妈说着说着哭了起来，"一样生一个孩子，为什么我的孩子就这样，别人的孩子至少好好读书，找份工作，正正经经谈个男朋友。这个小孩子小时候读书也不差的呀，怎么现在就这样了呢！"丽丽妈妈说到后面，几乎是情绪失控地喊了出来，似乎是要把她所有的委屈、压力、不甘、愤怒都喊出来。

丽丽妈妈一边哭一边说，从丽丽小时候开始，一直到现在的生活，似乎要把这几年压抑在心里的委屈都一起倾吐出来："这两年为了这个女儿，我们卖掉了一套房子，我和她爸爸都苍老了很多。真的所有的重心都在这个女儿身上了。她就不能为我们稍微想一想，就不能不要折磨我们了吗？我们到底是欠了什么债，生出这么一个讨债的。"丽丽妈妈发泄到后面，慢慢平静下来。

"现在到底该怎么办呢？"丽丽妈妈冷静下来，看着我问道。

"把对丽丽所有的怨恨都说出来，是不是感觉好了一点？"我点出丽丽妈妈之前的行为。

她震惊地看着我，似乎不可置信，然后叫嚣起来："什么？你在说什么？我怎么会恨我的女儿，我为她付出了一切，我……"

我没有理会她的叫嚣，她得不到我的反应，又渐渐安静下来，不再叫嚣，而是开始沉默。

我没有打破这样的沉默，一直到这次的咨询接近尾声。

"下周同样的时间，如果丽丽在此期间有再次自杀的倾向或者行为，第一时间给我打电话，我会进行危机干预。"我对丽丽妈妈叮嘱道。

我看了一眼丽丽妈妈，然后说道："我和丽丽有个约定，她会借着我给她的希望试着好好生活。"

"希望？"丽丽妈妈不太明白地看着我。

"对她宽容一点。"我看着她的眼睛，真诚地说道，"她没有病，她只是需要一些生活的希望，需要喘一口气，然后重新开始。"

"好吗？"我真诚地问道。

"我明白你的意思了。"丽丽妈妈想了想说道。

共情，是我们建立亲密关系的希望。通过共情，我们能够克服恐惧，学会在彼此之间重新建立连接，连接很重要。因为共情，许多生活中似乎无解的难题，也会得到一个合适的答案。共情成了治疗的过程，给人以治愈的希望。

在丽丽的咨询治疗持续到一个月左右的时候，我们都没有过多去谈论她所遭遇的那些往事，一直到她自己愿意去触及。

此时此地的治疗方式同样能够投射出丽丽的自卑情绪，她母亲的强势主导，以及她们的相处模式——指责而不是包容，这对丽丽的影响更深刻而细微。

随着咨询的持续展开，丽丽也开始逐渐打开心扉，有时候也会谈起她的母亲，而我认真地倾听着，并随着她的表述内容将注意力集中在她想让我知道的事情上。

有一天，她突然对我说："我再也不想继续住在家里了。"停顿了片刻，她继续说道，"我也希望我的妈妈可以以我为荣，但是我永远也做不到。"

"我认为你是一个很让人喜爱的人。"我衷心地说道，"我相信你可以做到。"

"我那么糟糕，一无是处。"丽丽刚想向外探一探，又很快缩回到她的保护壳中去了，但是她还是留着一丝好奇，问我，"你为什么会说我是一个让人喜爱的人？"她小心翼翼地问道，好像我接下来的答案即将决定她的生死般慎重。

"从你说到你妈妈的方式，说到你小时候觉得妈妈是如此伟大，你说的话让我感受到了深深的爱，你是爱着她的。"我肯定地告诉她，"这太珍贵了。"

"你不觉得我糟糕透了吗？"丽丽继续问道。

"我们有时候都会走一段不那么顺利的路，不是吗？"我问道。

"我只是想让我妈妈能够为我自豪，不想一直被骂，但是好像我用错了方法，对吗？"丽丽小心翼翼地问我。

"我好像确实是用错了方法。"丽丽想了想，肯定地说道。

"嗯，但我们每个人都会有这样一个阶段的。在这个阶段里，我们会开始发展自我感，这种自我感会主宰你，影响你，一直到有一天，你对自己是谁有了更明确的认识为止。"我想起丽丽出现状况的年龄阶段，正是她自我冲突最强烈的时间阶段。

"那你觉得，我错得无可救药了吗？"丽丽又一次向我提问，这一次和之前绝望的时候的问题又有所不同了，她尝试在问题中寻找一些可能性。

"我从来不觉得，有任何的错是无可救药的。"我肯定地告诉丽丽，"你只是需要慢慢地了解，无论你做什么，我们都是爱着你的。"

这次谈话在整个咨询中有着关键性的作用，我们对外在的愤怒显而易见，但对自我的愤怒却无数次地忽略，不断自责也是一种愤怒的表达。我们的愿望无法被满足的时候，自然而然地转化为一种愤怒的情绪，我们有时会看到不断自责的人，我们弄不明白为什么她无法停止自责，哪怕做出微小的改变，都可以让事情大不相同。如果我们有这样的疑惑，那是因为我们没有搞明白，她只是不断在表达她的愤怒而已。

只有当愤怒的情绪逐渐平息之后，才有可能用一种相对客观的眼光来看待事物的真实情况，或者自我的真实情况，改变才有可能真正发生。

在丽丽的咨询进展到三个月的时候，有一次丽丽妈妈告诉我，她从来没有想过，她对丽丽是有着那么强大的恨意。那么多年来，她为这个孩子做出了巨大的付出，而丽丽又无法达到她的要求，她的内心深处是愤愤不平的，但是她的观念告诉她，一个妈妈只能爱着她的孩子，怎么可以有恨呢？所以她努力压抑着这样的恨意，披着爱的外衣，不断用她的方式影响着丽丽。

她问我，让丽丽独立生活是不是一个可以试试的主意？她告诉我这是那么多年来，第一次她想放开手，但是她不知道自己是不是能够做到。

我告诉她我很高兴看到她的变化，我们需要给予子女的不仅仅是爱，有时候更是自由、尊重和信任。

连续三个月，丽丽在咨询室里进行着专注力的训练，她告诉我，她几乎有些喜欢上了这件事情。她向我咨询有没有可能去参加一个画画的学习课程，她感觉自己或许可以安安静静地画画，为此她妈妈非常高兴。

三个月的咨询治疗让丽丽获得了一个自己的爱好，这个爱好可以帮助她得到她需要的价值感和安全感，也可以帮助她更好地融入社会化的生活，尝试上学，尝试独立生活。

丽丽在我这里维持了两年的治疗，这期间有一次她试着想和我聊一聊关于那个男孩子的事情。我知道这是非常不容易的一个转机，当来访者愿意试着去面对巨大的创伤的时候，是一次成长的契机，而这个契机，由来访者决定。

"其实，我并不恨他。"丽丽想了想说道，"我到现在也并不恨他。虽然他让我受到了那么大的伤害，但是我不想恨一个我曾经那么爱过的人。"

"嗯，"我表示理解，"你想聊一聊这件事情吗？你觉得可以吗？"

"嗯，我当时只是很害怕失去他。"丽丽的声音渐渐低了下来，"我刚认识他的时候，只是觉得他长得真好看，就不自觉地每天放学都去买杯奶茶喝。再后来我就陪着他上班，奶茶店的里面有个小房间，我就在小房间里看着他。"

"那个时候，我是真的觉得很爱他，写作业、吃午饭都在那个小房间里，没有客人的时候，他就会进来陪着我。"丽丽沉浸在那个时候的回忆中，"他陪着我的时候，有时候会摸摸我的头，然后抱抱我，他说我是他最重要的宝贝，是老天可怜他，才把我送给他的。"

"那个时候是真的高兴。"丽丽说道，"但是也就那么短的时间。现在想起来都觉得不真实，我一遍遍地回忆那些细节，但有时候都会觉得模糊，是真的发生过的事吗？或者这一切只是我的想象？我用想象说服我自己，我的爱是值得的。"

我们没有办法完全否定我们的过去，我们会试图否认一些事实，用来安慰自己，因为我们无法接受全部的事实。

丽丽不会去恨那个男孩的原因在于她需要被认可，她无法接受对过去的完全否定。我们因为共情而能够真正地理解她，但成长还有一些更好的方式，比如丽丽可以这样否认一些事实，但她终究会明白，过去的事情存在与否，都不会影响她，因为已经过去了。

"也是在那个小房间里，"丽丽开始沉默，"如果没有那一次，可能后面的情况也会不同吧。"

我知道这段回忆对丽丽来说有些残忍，但我有时候又会认为我们无法面对的，只是这种情绪本身，有时候撕开了，也并没有什么是无法面对的。是我们自己的想象把恐惧变得无限大，变成跨不过去的坎。

丽丽叹了口气继续说道："那次我在小房间里睡着了，他把手伸进我的衣服，我们那时候认识也并没有很久，一个多星期吧。我一开始不同意，强烈抗争，但是他根本不顾及我的感受。他一直说如果我爱他就不会连这最基本的也不肯。那个时候我太小了，我急着证明我是真的爱他的，所以就真的付出了。我以为付出了我自己，付出了我的所有，就是爱了。"

"那次之后，他的态度就开始变了，"丽丽认真想了想说道，"是那次之后，他开始不断指责我，贬低我，说我是贱人，把我说得一文不值，除了他没有别的男人会再接受我。"

"那段时间，他要么不断说他爱我，离不开我，"丽丽回忆道，"要么不断地骂我。如果我不听他的话，他就会说我不爱他。他总是处在他不能失去我和我一文不值、离开他就没有活下去的必要了这两种情绪之中。我不知道爱怎么会变成那么大的伤害。

"其实，现在想想，第一次他说让我表现出我是爱他的，要我拿家里的钱给他。我一开始是不愿意的，但是他说我不乖，不乖就要受惩罚。我很害怕他因此不爱我了，或者有更激烈的行为，所以我就答应了。对我来说，我不知道后来我究竟是因为爱他，还是因为害怕。

"每一次，只要我不按照他的话去做，就是表示我不爱他，就是我不乖，就一定要受到更严厉的惩罚。现在想来，当时真的是很痛苦的一段黑暗的日子啊。"

"后来他让你打掉孩子，割掉输卵管，都是以这样的方式？"我问道，"让你证明你爱他？"

"嗯，是的。"丽丽说道，"我一旦不按照他的话去做，他就会发怒，就会不断指责我，有时候会说爱我，不能失去我，说我把他折磨疯了。"

"你现在觉得他为什么会这样？"我问道。

"可能是因为，我们的爱里总是有太多的自私吧！"丽丽想了想说道，"他那么自卑又没有安全感，我也一样，我们根本不懂什么是爱。"

我认真地看着眼前这个温柔善良的女孩，经过两年的咨询治疗，她现在基本已经步入了正常的生活，有一份稳定的工作，在一家幼儿画画机构教小孩子画画。

"你有没有听过一个词语，叫情绪勒索？"我问道。

"情绪勒索？"丽丽不解地问道。

"就是总是以爱为借口，但是毫不考虑别人的感受，向身边的人进行情绪控制。我们身边有很多这样的人，不是说他们坏，他们做这些事情的时候有时候连他们自己也是不自知的。"我解释道，"比如希望所有人都围绕着自己转，一旦不能如意就开始各种贬低威胁别人，从而达到自己的目的。"

"你是说，其实那个男孩子是一个情绪勒索者，而我是一个被勒索者？"丽丽想了想说道，"所以我不断在满足他的情绪，所以我才会那么痛苦。"

"情绪勒索有几个过程，第一他会明确提出他的要求，如果你产生抵抗的话，他就会给你压力，威胁你，比如不断贬低你，贬低你的能力或者自我价值，让你感觉自己很糟糕，只有当你按照他的要求或者方式去做了，他才会肯定你，让你感觉好一些。"我解释道。

丽丽听完，陷入了长久的沉默，之后说道："嗯，确实是这样的，如果他说我不爱他，我就会很内疚，他那么爱我，我怎么可以不爱他呢？如果我不听他的话，我就会失去他，我不能失去他，失去他我就再也没有活下去的意义了。我当时满脑子都是这些。"

"一般情绪勒索的人，要么是你的领导，拿着价值观、责任感勒索你；要么是你爱的人，把爱当作借口勒索你。这个男孩子只是比较严重，但情绪勒索这种现象在我们生活中并不少见，我们其实都应该警惕。"

我继续说道："在要求、抵抗、压力、威胁之后，就是顺从，然后一次次地旧事重演。情绪勒索者在一次次的旧事重演中，也在不断地提高自己的勒索技巧。"

"那个时候我有一种错觉，我的感觉好像是不重要的，总是不对的，我不知道该怎么做才是对的。"丽丽想了一下说道，"但是这两年，我学会的是要尊重自己，真诚地面对我自己。我感受到了我自己的变化，巨大的变化。谢谢你一直鼓励我，陪伴我，给我信心。"

"如果你身边有一个情绪勒索者，你会发现，他根本不在乎你的感受和底线，他只会步步紧逼，为达目的而不择手段。"我提醒道，"所以如果你的身边有一个潜在的情绪勒索者，你就要小心去辨认。当然，当你能够真诚面对自己的内心，你就会感受到什么时候有危险，什么时候需要远离。同时，我认为设置人和人之间共情的界限，有时候比底线更重要。"

"是因为我一直没有这样的界限，所以情绪勒索的事情才会发生在我的身上，对吗？"丽丽想了想说道，"换了其他人的话，可能在一开始的时候就拒绝了这种关系。"

"我一直觉得这可能是我的命，"丽丽继续说道，"所以才会遇到这些事情，但事实上并不是这样的。我们所谓的命运，有时候真的是我们的性格决定的。我的性格如果不改变的话，也会一再遇上这样的人吧。"

我看着丽丽很平静地说着这些，也因为丽丽的变化而由衷地高兴道："我很高兴看到，这两年，你真的成长了很多。"

"其实，我也一直是被我的母亲这样对待着的。"丽丽抬头看着我，说道，"我小时候，就是在不断地讨好她，不能有一点点不如她的意，不然她就会骂我，把我骂得一文不值，甚至让我觉得我没有活下去的必要了。"

丽丽突然转变了话语："所以我能怎么做？"

"真诚地对待自己，你值得被好好对待，然后划清界限，知道自己的底线。如果遇到那些完全不在意你感受的人，或者察觉到有其他目的的人，那么试着远离吧。"我了解丽丽在问什么，我希望在她开始下一段感情之前，尽可能学着和自己和解。

那次咨询之后，我们又延续了三次咨询。作为整个咨询疗程的结束，我认为丽丽已经不再需要继续维持咨询治疗而有能力独自面对她的生活了，但我们也偶尔还会保有联系。

很多年以后，丽丽有次和我联系，告诉我她并没有像大家一样结婚生子，至今还是单身，但是她也并没有因此而痛苦。她和她母亲的关系因为距离而变得缓和，她有时候能看到她母亲的痛苦，但是她发现她对此无能为力。

她说："我总不能因为她无法解除痛苦，而毁了我自己的生活吧，她只是希望我能够为她而活，但我也总要有自己的生活吧。"

她接着又笑着说道，好在她母亲的痛苦只存在于看到她的时候，看不到她的时候，就快乐地到处旅游，和朋友聚会，就这样平静地生活着，她无须烦恼太多。

丽丽让我又一次深信，我们每个人都需要共情的能力，并不只是为了帮助别人，更多时候是为了帮助我们自己。真诚地面对自己，了解自己，才有能力帮助别人。

我们身边情绪勒索的故事越来越多，在自知或者不自知的情况下都有，对自己的共情能让我们很好地构筑起我们所需要的安全的共情的界限。

共情并不等于同情或者认同。同情更多的是与别人一同感受痛苦，并且常常为此而影响自己；但共情更多地是指了解和理解别人的痛苦，并不需要和别人一起去感受甚至认同，仅仅是理解而已。

同样，我们有时候也需要谨慎地对待自己的观点。当我们认为因为做不到某事而会被惩罚的时候，这代表我们倾向于接受某种情绪上的勒索，我们去做一些事情并不是出于我们的意愿，而是出于我们的恐惧。如果长期养成这样的思维方式，那么我们会不自觉地进入一种惩罚和奖励的人际相处模式之中。

第二章

读懂情绪才能更好地共情

情绪是一种每个人每时每刻都在经历的心理现象，它无时无刻不在影响着我们的生活。有时候我们能感受到情绪高涨，有时候又觉得情绪低落。无论是否能觉察到，情绪总是和我们形影不离。

心理学上，将"认知、情绪、意识"称为三种基本的心理过程。

情绪是一种每个人每时每刻都在经历的心理现象，它无时无刻不在影响着我们的生活。有时候我们能感受到情绪高涨，有时候又觉得情绪低落。无论是否能觉察到，情绪总是和我们形影不离。

情绪表现为人对客观事物的一种态度，以及这种态度之下相应的行为。

而影响人对客观事物采取不同态度的原因，则是我们每个人的愿望和需求的不同。

因为情绪有着某种相通的特质，所以我们才有机会通过情绪而共通，我们只有了解情绪，转化态度，才有可能真正获得共情的能力。

在日常生活中我们经常能够感受到自身的情绪，却很少对其研究。更不要说运用情绪，准确定义情绪。关于情绪的定义，历史上的哲学家们和心理学家们已经争论了 100 多年，却仍然没能形成一个统一的定义。可见，情绪是人类最根本也最复杂的一种心理过程。

从刚出生，到年迈老去，无论是哪国人，情绪都有其共通的部分，哪怕语言不通，肤色不同，但我们都能从简单的表情中读懂对方的情绪状态，这是全世界人类在情绪表达上的共通性。我们发现，每一种基本情绪都具有独立的感受和不同的功能，每一种情绪都具有跨文化的一致性，甚至在人类和一些动物之间也可以得到一致的识别、表达和体验。

由于心理学家们关注的情绪成分不同，使用的技术手段和研究方法也都不同，所以对情绪的定义，至今仍存在着很大差异。

举例来说，根据普拉切克（Plutchik，2001）进行的一项统计，心理学界到目前为止，至少有 90 种不同的情绪定义。为什么情绪如此难以定义呢？主要是因为不同的研究者在情绪的研究中，往往关注情绪的不同成分，并从各自研究的角度尝试对情绪进行定义，由此而产生了情绪定义各不相同的现象。

但是，这并不妨碍我们对于情绪的基本理解，那是情绪最核心也是最显著的特点：**情绪是对于客观事物的主观体验。**

而且我们也都有这样的感受，那就是，我们对于某一情绪事件的主观体验会影响我们对整件事情的看法，甚至会影响我们之后的记忆。

所以有些研究者从这个角度出发，会认为情绪的核心成分是主观的体验和感受；但也有其他研究者虽然承认情绪中体验成分的重要性，但却认为体验成分并不是情绪的核心，他们强调生理和神经活动以及行为反应，认为这些成分发生在主观体验产生之前，对于情绪内涵的理解更为重要。

但不论采取怎样的说法，情绪都是我们对于外在的事物的一个态度和反应，这种态度是由于我们非常主观的观点、愿望、记忆等因素而共同作用的，因为不同的态度而有了不同的情绪反应。

我们能够理解情绪的产生和运作原理，就能帮助我们在日常生活中更好地理解情绪，从而帮助自己和身边的人。

◆扩展阅读 1

情绪的三种理论

在心理学对情绪各类不同定义的研究中，我们选取三种角度来阅读，包括强调对身体变化的知觉的研究（称为身体知觉理论）、注重从情绪的适应功能角度来解释的理论（称为进化主义论），以及更关注于影响情绪产生的评价成分（称为认知评价论），进行简要的阐述。

（1）身体知觉理论认为，情绪来自对身体变化的知觉。

这是心理学界对情绪下定义的最早尝试，现在这一观点的研究依旧认为情绪刺激引起身体的生理变化，这种变化进一步导致情绪体验的产生。

（2）进化主义论认为，情绪是由进化而来，情绪是对环境的适应。

情绪是人类的祖先在适应自然环境的各种挑战过程中而形成的，通过同时协调和动员身体多处不同区域来应对和解决遇到的问题。

进化主义论认为情绪是个体在进化过程中发展出来的，是为了对外部刺激进行适应性反应。

进化主义论有如下两种关于情绪的定义：

①汤姆金斯(Tomkins,1962)认为："情绪是有机体的基本动机，是一组有组织的反应，当这组反应激活时，能够同时使大量身体器官（例如面部、心脏、内分泌系统等）做出相应的反应模式。"

②伊扎德（Izard，1991）继承了汤姆金斯的观点，强调情绪的适应性。他指出情绪是动机，同知觉、认知、运动反应相联系并模式化。同时他从功能论的观点出发，强调情绪的外显行为即表情的重要性，通过表情将情绪的先天性和社会习得性、适应性和交流功能联系了起来。他还认为："情绪的定义应该包括生理唤醒、主观体验和外部表现三个方面。"

这两种定义都强调了情绪是指生物体在对自然环境的适应过程中进化而来的，是由基因编码的反应程序，能够被环境中的刺激事件或情境诱发。这是进化主义论对于情绪的核心定义。

（3）认知评价论认为，情绪反应产生的前提是对事件的评价，情绪来自对某一事件意义和重要性的评价。

历史上赞同情绪认知评价论的哲学家、心理学家们也发表了以下诸多观点：

①早在古希腊时期，哲学家亚里士多德（Aristotle）就提出过类似情绪认知评价论观点，他认为感受来自我们对世界的看法以及我们与周围人的关系。比如愤怒来自对他人蔑视我们的评价。

②阿诺德（Arnold，1950）认为情绪是对趋向知觉为有益的、离开知觉为有害的东西的一种体验倾向。

③拉扎鲁斯（Lazarus，1984）认为情绪来自正在进行着的环境中好的和不好的信息的，生理心理反应的组织，它依赖于短时的或持续的评价。

情绪认知论强调了对外部环境影响的评价，是情绪产生的直接原因。

由此我们概括出情绪产生的三个来源：一是外部环境刺激，二是身体生理刺激，三是认知评价刺激。这样的概述兼顾了个体内外环境以及不同心理过程之间的联系。

我们选择将认知评价作为情绪反应的核心，能更好地解释不同情绪之间的区别。

比如说在一种环境刺激下，却可能产生不同的情绪感受。

举例来说，如果我们将某人的行为，评价为对我们的侮辱或轻蔑，我们将会产生愤怒的情绪，而如果将某人的行为评价为即将发起攻击，那么恐惧的情绪将会被引发。

再举个简单的例子，假设有两个同样的学生 A 和 B，同时考试得了 80 分。A 平时只能考 60 分，所以 A 对于 80 分的评价是认为自己获得了进步，A 就会很高兴；而 B 平时都能考 95 分，所以 B 对于 80 分的评价是认为自己退步了，B 就非常难过。

我们可以看到，情绪的认知评价论能够更好地为我们解释，为什么同一事件在不同的时间、地点发生，就会引发完全不同的个体的各种不同的情绪反应。

◆扩展阅读2
情绪三种理论的一致性

我们尝试理解和突出情绪的内涵的特色，对于三种主要的情绪研究论中比较一致的地方进行总结和归纳。我们发现，三种情绪研究论都有其一致性，那就是情绪都是伴随着一定的主观体验、外部表现和生理唤醒这三方面的，区别只是在于这几种成分的产生顺序不同，并且在不同的条件下，某些成分并不是必然出现的（例如个体可以有意识地抑制自己的外部表情），或是以其他方式出现（如个体可以有意识地表现与自己内心体验不一致的外部表情）。

因此我们尝试将情绪简单易懂地定义为"**情绪是往往伴随着生理唤醒和外部表现的主观体验**"。

我们知道，情绪的主观体验其实是个体对不同情绪和情感状态的一种自我感受。

◆扩展阅读3
情绪的两大分类

通过对情绪的研究，我们会理解到情绪的作用——情绪是个体在进化过程中发展出来的对刺激的适应性反应。

所以情绪的两大分类是指，由几种相对独立的**基本情绪**以及在此基础上形成的由几种基本情绪结合形成的多种**复合情绪**。

（1）基本情绪。基本情绪是指人和动物所共有的、先天的、不学而能的。有共同的原型或模式，在个体发展的早期就已出现的，每一种基本情绪有独特的生理机制和外部表现。

在基本情绪的研究方面，从古至今，由于不同的说法和观点，因此提出了不同的情绪分类方式，具体如下：

①我国古代名著《礼记·礼运》中提到"七情"说，也就是指喜、怒、哀、惧、爱、恶和憨，这七种为基本情绪。

②而在《白虎道·情性》中古人主张"六情"分类法，即喜、怒、哀、乐、爱和恶。

③汤姆金斯较早提出存在八种原始的（天生的）主要情绪：兴趣—兴奋、享受—快乐、惊奇—吃惊、苦恼—痛苦、厌恶—轻蔑、愤怒—狂怒、羞愧—耻辱、惧怕—恐惧，这8种情绪为基本情绪。

④埃克曼（Ekman）基于自己的研究提出存在快乐、悲伤、愤怒、恐惧、厌恶和惊讶6种基本情绪，这种基本情绪的分类方法在目前具有很大影响力。

⑤伊扎德在他的情绪分化理论中提出存在10种基本情绪，分别

是快乐、悲伤、愤怒、恐惧、厌恶、惊讶、兴趣、害羞、自罪感和蔑视。

（2）复合情绪。复合情绪是指由多种不同的基本情绪混合而成的，或者由基本情绪和认知评价相互作用而成的。

复合情绪在有些地方也称为社会情绪，可分为**依恋性社会情绪、自我意识情绪和自我预期的情绪**三类。

①依恋性社会情绪涉及人与人之间的情感连接。

②自我意识情绪是指个体在社会环境中，由于关注他人对自身或自身行为的评价所产生的情绪，分为正性和负性两类。

③自我预期的情绪是指在面临机会选择或者竞争情境时，个体对不同行为方式的后果做出预期，并根据自身的期望和价值取向调节对社会信息的认知和加工过程时引发的情绪。

④我们所熟悉的复合情绪包括爱与依恋、自豪、羞耻与内疚、敌意、焦虑与抑郁和道德情绪等。

和许多关于情绪的研究相同，试图将情绪进行分类的研究，目前并没有形成统一的定论。对于情绪分类的研究所面临的最严重的问题是，在某些情绪之间存在着高度的相关性。比如我们会有研究发现，焦虑和抑郁存在显著的相关性。

而同时，另一项关于自主神经活动与情绪关系的分析研究中，我们发现基本情绪与特定的自主神经活动模式并不相关。也就是说不同的基本情绪产生了相似的神经生理反应，而不同的神经生理活动也能出现在相同的基本情绪中。

◆扩展阅读 4

情绪的基本描述

快乐	个体所盼望的目的达到后，紧张解除，继之而来的情绪体验。快乐的程度，取决于愿望满足的意外程度，愿望满足得越出乎意料，个体就感到越快乐
悲伤	失去所盼望的、所追求的或有价值的事物而引起的情绪体验，通常指是由分离、丧失和失败引起的情绪反应，其强度依赖于失去的事物的价值 作为一种负性基本情绪，包含沮丧、失望、气馁、意志消沉、孤独和孤立等情绪体验
愤怒	由于目的和愿望不能达到或一再受到挫折，逐渐积累而成 当挫折是由于不合理的原因或他人恶意所造成时，最容易激起愤怒，对人们强烈愿望的限制或阻止以及不良的人际关系也是愤怒的来源
恐惧	往往由于缺乏处理或缺乏摆脱可怕的情景（事物）的力量和能力所造成 恐惧比其他任何情绪都具有感染性
惊奇	与愿望或信念等有关，如果外部情境不符合主体信念，个体就会觉得惊奇
厌恶	由令人不愉悦、反感的事物诱发的情绪
爱	爱是一种原始情绪，是在基本情绪社会化中由多种情绪结合而成的 爱的体验主要蕴含四种情绪原型：快乐、怒、怕和悲伤 爱可分为激情爱和陪伴爱两种

激情爱	一种强烈的情绪，被界定为一种迷恋的、炽热的爱，是强烈的渴望与另一个人相结合的状态，可概括为一种"结合的渴望"
	一种既甜蜜又苦涩的体验。在群体的激情狂热中，包含既可能欢快，又可能悲愤的复合情绪
	有两种后果，即爱的回报和爱的代价
陪伴爱	被认定为喜爱、亲爱或慈爱，是可发生于各种对象之间的爱，很少激发强烈的激情
	它是深切的依恋、亲密的接近和互相承担义务的复合体验，被定义为"与对象间的挚爱和温柔的亲密感"
依恋	是指抚养者与孩子之间的一种特殊情感连接，在维持婴儿的安全和生存方面具有直接意义，重要性不亚于控制饮食和繁殖的行为系统
	根据儿童在陌生实验室情境中对母亲的依恋行为把儿童划分为焦虑—回避型不安全依恋、安全型依恋、焦虑—反抗型依恋三种类型和八种依恋亚型
成人依恋	是指成人对童年依恋经验的再现
	与早期依恋不同，它不仅建立于童年依恋经历的事实之上，而且建立在成人目前对早期依恋经历的评价之上
	成人依恋主要分四种类型：自主型、冷淡型、专注型和不确定型。自主型属于安全型；冷淡型、专注型和不确定型都属于不安全型
自豪	是个体把成功事件或积极事件归因于自身能力或努力的结果时，所产生的一种积极的主观情绪体验
	在自豪的概念中，评价是一个核心指标，通常在目标达成或者任务成功完成时，在自我评价或他人评价基础上产生自豪
羞耻	一种主观体验，以某种程度的自省和自我评价为核心特征的情绪，是一种指向自我的痛苦、难堪、耻辱的负性情绪体验
	自我在这种体验中被审视，并被给予负性评价

内疚	来自个体对自己的行为导致失败或导致伤害他人的评价的体验，更多与内在的道德要求有关，代表自我的良心受到冲击后产生的更私人化的体验，多产生于无他人在场的情境中 内疚会使个体体验到焦虑、后悔和懊恼，并试图通过纠正某些事情或弥补错误来减轻内疚感。个体感到内疚时会意识到自己的言行伤害了其他人
敌意	一般在少年时期之后才会出现，具有遗传性，由情感、认知和行为三部分构成 敌意是愤怒、厌恶和轻蔑的结合，其中愤怒是敌意的主要成分 敌意可分为经验性敌意和表达性敌意 经验性敌意是指经历敌意情绪的倾向，如憎恨和怀疑，它们没有被公开表达出来 表达性敌意包括通过身体和言语进行攻击，公开表达敌意情绪
焦虑	个体受到威胁和处于危险情境中的退缩或逃避的体验 焦虑是恐惧和其他多种情绪的结合，是与认知和身体症状相互作用的结果
抑郁	一种复杂的复合情绪，主要包含痛苦，并按不同情况而合并诱发愤怒、悲伤、忧愁、自罪感、羞愧等情绪 比任何单一负性情绪的体验都更为强烈和持久
感慨	是喜乐和悲哀的化合——因既往的快乐而喜，因目前的失意而悲，两相比较而生
期望	对成功的愉悦感的期待，如果目的能达到，就会减少的情绪。对目标没有得到就会产生羡慕，得到了就会产生厌倦感
害羞	是自尊和自卑的化合。但凡只有自尊或者自卑中的某一种情绪，不能表现出害羞

羞怯	是在面对新的社会环境和 / 或意识到社会评价的情境中个体的紧张和不适的一种性格特征 是阻碍人际交往的首要因素。可以引起人际关系淡漠、缺乏社会交流、自我意识和自我保护能力低下等社会问题
懊悔	对自己行为的不满意，能做自我反省的人才有的情绪
忧虑	是痛苦的想象，也是恐惧的一种。当心思闲散、想做些事情却没有行动的时候，忧虑很容易发生 忧虑是代替反应——代替身体活动，不爱活动的人最多忧
嫉妒	是指人们为竞争一定的权益，对应当团结的人怀有的一种冷漠、贬低、排斥，亦是敌视的心理状态，故一旦放任即可能产生嫉妒心，它让人感受到难过的滋味，严重时，人自然会产生恨的情感
柔情	被定义为与记忆有关的体验，并与照料看护的爱相对应，可以与愉悦区别开来，而且并不等同于爱和共情

一　喜悦来自真诚

喜悦是我们所希望的目标达成以后，一种紧张解除之后，继之而来的情绪体验，和快乐等词语同义。类似"成功的喜悦"这样的组词，表达了我们对于喜悦的定义。

但是现代社会中的大多数人，常常很难感受到所谓的快乐。

这让我们开始反思，是不是我们对于快乐的理解产生了偏差？如果我们快乐的程度取决于我们的愿望被满足的意外程度，那么自然愿望被满足得越出乎意料，个体能体验到的快乐就越多，那个时候我们会感到惊喜。只是，这种出乎意料的感觉，没有办法被无限放大。

小孩子得到了一个玩具，就会高兴很久，但是长大一点，简单的玩具就不再能满足他们的愿望了，他们开始追求其他令自己满足的事物，想要得到的快乐，变得越来越难。

我们试着去理解情绪，是我们对万事万物的态度的一种表现。

所以当我们说知足常乐的时候，并不是外界的情境发生了改变，而是我们面对事情的态度发生了全新变化。但这样的态度变化，并不是指表面上的消极、不再追求，或者强硬地压抑自己的愿望。如果是这样的话，不能被满足的愿望也会以其他表现形式出现，或者转化为基本的食欲，所以想要减肥的话可以观察一下，失控的食欲之下，无法被满足的愿望究竟是什么。

但其实，喜悦来自自然而然地面对我们的愿望和需求，并且对自己的愿望和需求有一个清楚的认知，我们把这种自然而然的认知，称为真诚。

我们常常认为真诚是对别人来说的，但其实并不然，更多时候，需要真诚面对的是我们自己。

比如说，我们偶尔会体会到短暂的快乐：有的人喝到一杯红酒，会感受到一种快乐；也有的人会追求一些灵性修行类似于打坐这类，这会给他们带来一种平静和快乐。但是，对每个个体来说，他们得到快乐的方式是并不相同的。这是因为我们的愿望不同，如果更仔细一点观察，我们会发现不仅人和人之间的愿望是不同的，每个人的不同阶段需要被满足的愿望也是不同的，昨天的愿望已经过去了，今天的愿望还没有实现，正在强烈地煎熬着我们的心，明天的愿望却是我们连想都想象不出的样子。

如果我们的喜悦是来自不断变化着的愿望，那自然是非常难以获得，又转瞬即逝的；而如果我们的喜悦是来自我们自然而然地面对自身的愿望，或者更进一步，了解我们愿望的来源，当我们能看到更多更全面的愿望的时候，会发现事物自然而然地呈现另一个状态，对于外界的态度不知不觉中已经改变，喜悦油然而生。而这些，仅仅来自对自己的真诚。

我有一位非常让我尊重的老师，一年的工作即使再繁忙，我也会希望能够有一到两次和他见面的机会，如果这个愿望被满足的话，我会得到非常大的快乐。我们这样的见面，持续了好几年，这是一种非常私人化的快乐的体验。

但是事后我发现即使是在这样我认为绝对喜悦的场景中，我的感受也并不是完全快乐的。这非常有意思，每次见面总有几个不那么高兴的瞬间，甚至也有糟糕到情绪大爆发的时候。静下心来，真诚地观察我自己的时候，我发现完全是因为我的愿望在不断改变，从一开始我只是想要见到他，到希望得到他的厚待，再往后我想单独与他相处，而这个时候，人来人往的宾客都会成为我不快乐的原因。

　　我在他身上投射出了非常自我的观点，我将这样的见面看得无比重要，似乎类似于经过长途跋涉，花了无数时光，经历漫长而艰辛的旅程，终于能够得到的幸福。而这样的幸福是不允许存在不完美的，完美被定义为完全符合我的愿望。

　　这种投射中，我看到我把自己的付出放在一个非常重要的位置，同时也希望别人来认同这种付出，甚至为此而买单。可是，哪里有完美无缺的幸福呢？我的愿望在不断改变啊！

　　当我意识到我的喜悦竟然完全被我不断改变的愿望所左右的时候，我会突然觉得这有些可笑，我会试着去检视一下这个愿望究竟从何而来。

　　有的时候愿望并不是需要被满足，而是需要被看见。我们没有办法满足我们所有的愿望，因为你并不知道，愿望的背后是一份怎么样的期待。

　　我有个来访者叫小美，她是名牌大学毕业，毕业后却一直没有一份好的工作，她来见我的时候，已经毕业 5 年了，却还是没有一份稳定的工作。

　　她告诉我她每份工作都非常认真，付出很多，但是她的老板和同事却都不能认同她，每一份工作都是这样。因为这个原因她非常痛苦，她不知道她那么努力地付出，为什么得到的结果却完全不是大家的认同，甚至有几次还丢掉了工作。

　　在经过 3 个月的治疗之后，我感受到了她的投射，从而对她的故事有了一个新的层面的了解机会。事情缘于有一次，她需要我给她增加一次见面的时间，但是我认为并没有这个必要而且确实时间上无法安排。

　　然后她失约了两次，第三次来访的时候就不断向我表达她的内疚，以及她的自我挣扎、内心的纠结，等等。在那次之后，她开始主观上不断地向我表达她是如何想要配合我，但是在行为上却常常迟到，甚至无故失约。

　　所以有一天，我们准备讨论一下这件事，在讨论中，她慢慢看到，原来她之前在工作中也是这样的，她说她一天工作18个小时，周六周日都在加班，但是她的同事却说她绩效考核是0分。因为她没有任何的成果展现出来，因为她并不按照公司的要求去工作，她说她非常难以按照公司的要求完成工作。

"所以，你的18个小时并不是在为公司工作？"我问道，"那你在为谁工作呢？"

"为了满足我自己的情绪吧。"小美想了想说道，"我自己都能感觉到我自己在内耗，然后把自己折腾到筋疲力尽。"

"我很害怕失去工作，所以我就会表现得很忙碌，但越是这样，我就越难专心工作，总是担心会被开除，甚至同事们骂我的声音好像一直在耳边环绕。但是我做出来的结果并不能得到大家的满意，甚至一点成果都做不出来。

"甚至身体上出现了很多不舒服的反应。让我感觉这份工作我做不了了。"

"是因为压力太大了吗？"我问道，"你的同事那个阶段对你有什么变化吗？或者发生了什么事情吗？"

"一个和我关系很好的同事离职了，"小美说道，"可能因为这个原因吧，我突然觉得有点不适应。"

"不适应是指？"我问道。

"我有点害怕被抛弃吧，我很容易感觉到别人会抛弃我，有一种很强的不安全感。其实，有时候我是知道自己陷入了一种妄想之中。但是我控制不住自己，我也觉得自己很可怕。"

"控制不住什么？"我问道。

"明明知道我的同事并不是这样的，但是还是控制不住去想他们是在指责我，老板在骂我，"小美说道，"然后我就会很紧张，状态很差，一直到他们真的都开始指责我，骂我，我的工作就做不下去了。"

"有的时候我是可以知道的，"小美解释道，"但有的时候，我会无法控制自己把别人想成指责我的样子。"

"这样想，你可以得到什么？"我问道。

"可以得到什么？"小美惊讶道，"我根本不想这样啊，我是真的控制不住我自己啊。"

我和小美的咨询在这个究竟可以得到什么的问题上，讨论了三四次。终于有一天，她对我说："我不是害怕别人抛弃我，我只是希望所有人都围着我，一旦我不能被满足这个愿望的话，我就会变化各种方式来得到满足。"

小美自己也感叹道："但是这个愿望，我自己也知道是不合理的，所以我没有办法表达出来，我就假装成别的样子。"

小美的愿望终于被看见了，她愿意真诚地去看到这个愿望本身，不再逃避的时候，也是帮助她从无法被满足的愿望中解脱出来的时候。

真诚地面对每个愿望，而不是一味地满足，或者逃避每个愿望，那么我们的快乐和喜悦也会更简单一些，更持久一些吧。

与他人的共情中，很重要的一个点在于满足他人的愿望。我们常常有想要满足他人愿望的潜意识，这会让我们在不知不觉中受到其他人情绪的影响。

我们会错误地认为，共情会影响我们自己的情绪，甚至不知所措，这完全是因为并没有真正了解共情的原因。我们自以为的共情，只是在满足我们自身的情绪需要。如果我们自身的情绪不需要被满足，那么我们会更容易设置共情的界限。

这让我想起我曾经的一个来访者，她告诉我，她一直无法真正摆脱对她家暴的丈夫，从第一次争吵动手之后，一直发展到每次喝醉稍不顺意就会对她拳脚相加的程度，但是她坐在我的对面，告诉我她非常痛苦，却无法离开。

我们的意识层面会告诉我们很多正确的事情，所以我们会知道我们的某些愿望是并不被自我所允纳而呈现的，但这样不被看到的愿望却真实地影响着我们的生活。

　　我们无法对别人设限，是因为我们隐藏在潜意识中的愿望在不断被满足。

　　如果想获得喜悦或者快乐，想长久一点地获得喜悦或者快乐，那么我们就必须试着对自己真诚一些，真诚地面对自己，真诚地面对自己所面临的人和事物。

二　焦虑来自不安全感

焦虑情绪是现在社会一种更长期而更隐秘的情绪，它并不如愤怒或者恐惧那么强烈地显现，但却真实地影响着现代都市里的每个人。当我们预感到有危险的时候，就会产生焦虑的体验。但是这种"危险"感受的来源可以是现实发生的，也可能是我们自己想象的或者是象征性的。

我们每天都处于一种非常着急的状态，我们一早出门赶公交车，挤不上车就会迟到，会被领导批评或者扣掉奖金。白天在工作中，我们被一遍遍地催促，整个工作都处于一种焦虑的状态。下班后似乎我们也把今天的工作都完成了，但是社交工具彻底打扰了我们的休息生活，移动电话、网络沟通，我们被要求时时保持联系，甚至被要求 10 分钟内必须回复，此外我们也养成了手机依赖症，不断接受着外界的信息，就怕错过了什么而跟不上时代的热点，我们的休息时间也没有办法真正离开焦虑的状态。

我们有时会需要很长一段时间来分辨这种和我们自己已经浑然一体的焦虑，但有时我们又会经历非常严重的焦虑情绪。严重的焦虑感是一种极其痛苦的情绪体验，甚至会体验到紧张不安、充满恐惧的强烈情绪，同时也会在生理上伴有一些症状的出现，如心跳加快、呼吸急促、口舌干燥、手心出汗、震颤，等等。

心理学上将焦虑定义为个体受到威胁和处于危险情境中的退缩或逃避的体验。因为个体受到威胁的程度以及时间的不同，焦虑会有两种表现。一种可以简单理解为巨大的间歇性的恐慌，类似于一些巨大的创伤刺激，这时候焦虑更多地表现为一种情绪状态，由具体情境所诱发，但当诱发情境改变时，焦虑情绪也会相应消失。

但另一种焦虑却更隐秘而广泛地存在，甚至存在于我们每个人的日常生活中，而很少引起关注。那是因为这种来自某种威胁或危险的感受，长时间在心灵盘踞。

当然焦虑的情绪也有一定的保护意义，它的功能是向自我发出危险的信号，提醒我们注意内部或者外部的危险，它促使自我采取措施，以对付危险，或者准备战斗，或者准备逃避，尽快采取行动以避开危险或消除危险。

焦虑是一种复合情绪，常常与其他情绪——恐惧、痛苦、愤怒、羞愧、内疚，甚至兴趣——同时发生，因为个体的不同、情境的不同而呈现出不同的组合。

我有一个来访者属于一直减肥但非常肥胖的人，她告诉我她用过所有的减肥方式，但依旧没有办法控制体重，以及蓬勃的食欲。

我们连续讨论了很久关于"饿"的感受，我们的行为受认知所支配，比如当我们认为人只需要吃两顿饭的时候，不吃晚饭的减肥方式就会被自然实施，并且被坚持下去。

我们同时讨论了食物仅仅作为食物的概念，食物并不是一种社交的工具或者满足其他欲望的工具，她表示认知上的认同，但是当"饿"的感觉真实出现的时候，她又变得不知所措，甚至进入一种越控制越糟糕的循环中。

直到有一次我们聊到，有一种情绪，和饥饿的感觉非常相似，那就是焦虑。

当我们集中精力工作的时候，突然觉得饿了，那种饿，常常来自焦虑。如果试着全神贯注地投入工作，或者集中注意力做一些事情的时候，这种饿的感觉，自然而然地就会消失了。

我们常常会发现，当生活规律的时候，规律地起床、规律地吃饭、规律地生活，体重也会更容易控制，因为对于一个我们认为有把握的生活，我们的焦虑感就不会那么强烈，也不会常常感觉饿。

我们会产生焦虑的情绪，有时候是因为我们对外在环境的"危险性"有一个过度的认知评价。当然这样的认知方式并不是突然而来的，而是建立在我们多年的经验基础之上的，我们或者因为缺乏自信，或者因为对自己期望过高，以至于实际面临的情况常常与我们的期望不一致。

心理学研究认为，我们在日常生活中遇到的各类事物和我们对事物的信念、观点、态度之间的关系，都有协调和不协调、有关或无关两个方面。如果我们遇到的现实情况与我们自己的信念观点发生冲突，消极性的情绪反应就会随之而发生，我们对外在事物的认知评价决定了我们的情绪反应。

我有一位来访者是一位研究人员，他在这个岗位上已经工作了十年。但是，当领导让他负责一个独立的项目时，他却感受到了不能克服的焦虑情绪。为什么会产生这样的焦虑呢？在咨询的过程中我们发现是因为他认为自己的能力不如同事，他希望研究任务能够轻一点，而现在却恰恰相反，他被选来承担最关键的任务。这件事情对他不但不是一种鼓舞，反而加强了他觉得自己不能胜任工作的信念，以至于寝食不安。

一般说来，当我们对于某件事物的认知和实际情况发生不协调时，我们会对这种不协调的状况竭力解释，这样是为了能够在两种矛盾的事物之间取得某种协调关系。我们有可能会维持原先的信念，否定或者排斥我们所遇到的现实的经验；或者我们会选择欢迎并接受新的信息，从而转变自己已有的信念和对事物的态度。

但不论是哪一种，如果我们更倾向于对一般事物做出威胁性甚至灾难性的解释，如果我们没有积极应对的方法，严重的焦虑情绪就会产生，甚至会严重影响我们的生活。

如果更深层次地思考我们的焦虑，就会发现焦虑其实来自我们情绪底层的不安全感。我们每个人都有这样的不安全感，因为在内心深处，我们每个人都知道并没有什么事物是一成不变的，每一次的变化都会给我们带来"危险"的感觉。

我们的身体在变老，我们的心情起伏不定，我们的喜好变化无常，我们身边的人不断改变，买房买车或者通货膨胀，城市快节奏的生活不断加速着这样的变化。当我们所接触的世界的变化速度远大于以往的时候，我们每个人都被迫承受着由此而来的不安全感，对于不安全感的反应，成了我们生活中的焦虑情绪，长期盘踞在我们的心头。

我们消耗大量的时间、能量与这隐藏的焦虑抗衡，甚至自己都无法觉察，比如说城市里的人或多或少都在承受着某种拖延的症状。

来访者告诉我，整理房间对她来说是最致命的，明明水池里的碗只需要10分钟就能刷完，但是她却没有力气去完成哪怕这么简单的一件事。我遇到过一个朋友，她每次都必须把工作留到最后，时间非常紧张时才能够开始处理工作，而之前几天的时间，她都用来调整自己的情绪。

这样拖延，完全是因为内在通过焦虑在和外在的变化抗衡。我们不希望处理那份工作，不希望去把碗刷干净，通过不希望改变的行为而让我们的内在得到某种程度的重视或者关注。当我们知道焦虑的来源是自身的不安全感的时候，也就发现了我们不断需要被关注的自己。甚至有时候不惜将事情搞糟糕，我们也在一遍遍地确定自己的意志才是重要的。

但如果我们对于世界的观点有一些变化的时候，就会发现，改变总是自然而然地在发生着，从来不会以我们的想法为主，如果我们能够从内心认可这样的发现，那么我们的焦虑就不那么严重。

　　就好像花是自然而然地盛开或者凋谢，树木几十年如一日地生长，直到长成参天大树。我们在自然状态中的时候，感受不到太大的变化，所以城市里生活的焦虑感也就会逐渐减轻。

　　真正看到焦虑，是看到在焦虑背后的不安全感，我们在害怕什么？生、老、病、死，一切事物都在改变，改变给我们带来了最根本的不安全感，如果你知道你在怕什么，焦虑会不会缓解一点？

◆扩展阅读 1

焦虑时的认知主题是危险

焦虑症的症状显示，无论是广泛性焦虑症（generalized anxiety disorder）、惊恐发作（panic attack），还是各种类型的恐惧症（phobic disorder），其认知内容都是围绕**身体或心理、社会的危险**这一主题的，如怕死去、怕发疯、怕失控、怕晕倒、怕生病、怕为人注视、怕窘迫、怕脸红出汗、怕失败、怕出错、怕发生意外、怕暴露弱点与隐私、怕性冲动不能控制，等等。

◆扩展阅读 2

正常人对现实的危险或威胁产生的
焦虑反应和焦虑患者的反应差别

正常人能恰当估计现实危险发生的可能性，如果判断错了，也能通过真实性检验加以矫正。

焦虑患者对危险的感知是不正确的或过分夸大的，并且所依据的前提是错误的、想象的、不真实的。

焦虑患者可能将焦虑本身看成危险，并持续不断地感到危险，反而对提示安全的线索视而不见。

三　不安全感是对自我的一种不确定

我们做出的很多决定缘于内心的不安全感。而我们内心深处的不安全感并不只是因为我们所处的环境是在不断变化的，以及我们对自我的不确定。

因为这样的不确定，我们发现越来越多的人在彰显个性，自命不凡几乎成了这个时代最平凡的一件事情。

我们并不承认自己事事模仿，但事实上我们的衣食住行甚至内在的价值观，很大程度上来自外在的宣导，而这种宣导是我们所无法掌控的。

比如，我们不会承认自己在模仿别人的饮食和穿戴，但是现在网络上充斥着各类广告，网红的美食，当季流行的服装款式，甚至发型、妆容、口红色号，广告和流行变成了我们选择的唯一标准。

有一个来访者告诉我，他觉得他自己不自由，他说他无时无刻不在感受着不自由，他40岁，在世界500强的企业，有一份高管的工作，他有家庭和孩子，是别人眼中羡慕的对象，但他告诉我，他感觉不到自己。他感受不到他的生活的真实性。在这样的生活里，他迷失了自我的意义。

他回忆小时候，他喜欢的狗因为影响了他的学习成绩而被送走；他想到他曾经喜欢的女孩，因为当时他的经济状况与他冷漠分手；他现在的妻子是领导介绍的，他从毕业就服务于这家公司，到现在已经20年了。他问我，这样的生活和他究竟有什么关联？换一个人是不是也没有关系，那么他到底是谁？

这是对自我不确定的另一个表现，因为我们已经太习惯于将外界的价值观当作自己的价值观来判断自我，所以即使我们认为最聪明的自己想到的最棒的点子，也只是我们所接触的环境、不同的人、别人的观点等外部因素综合而成的。

我的那个来访者被他的情绪所影响，无意义感就一天比一天厉害，因为他的不安全感在一遍遍向他确认：你真的存在吗？他不知道该怎么办，他甚至好像找不到什么证据证明他的存在。

这听上去有点可笑，但确实是这样的。我听完了他所有关于自身存在的质疑，然后问他："这一刻，对于你自己的热爱，你还能想起来吗？想想发自内心的热爱，而不是别人的眼光，世俗的价值观告诉你的。"

他想了很久，他的妻子、孩子、工作、房子、车子，这些都不是。有一天他告诉我，他想一个人骑着摩托车出去环游世界，这是他想要做的事情，可能在别人眼中并没有什么意义。

我们无法从一个人的行为去分辨他，究竟是忠于内心，还是依从于他人的标准，但我们对于自己却需要有一个基础的认识，我们的安全感如果来源于潮流的服饰、名牌的皮包、别人的标签，那么这样的安全感也会变化得很快。

而如果我们能够更专注于我们自己真心热爱的事业，我们就会更容易获得安全感，也更少会受到外界声音的影响。

专注于我们真心所热爱的事业是帮助我们和自我产生联结最好的办法，发自内心的热爱也是我们和自己共情的一种表现，出自真心地关爱他人同样会让我们感受到安全感和喜悦。

四　悲伤是一种力量

悲伤在心理学中被定位为失去所盼望的、所追求的或有价值的事物而引起的情绪体验，其强度依赖于失去的事物的价值。

我们生活中常常认为愤怒是有力量的，表现出张牙舞爪的样子，会伤害周围的人，具有攻击性，所以我们会进而控制愤怒的情绪，也会躲避和远离一个愤怒的人。

但悲伤却完全不同，在生活中我们并不真正了解悲伤的力量。悲伤有一种自然引发共情的特质，这是它的力量的体现。比如我们看到一个很痛苦的人，我们会不自觉地感同身受，对他产生怜悯，想要去安慰他或者帮助他，我们会给予悲伤者更多正面的理解，这就是悲伤的力量。

对于每个人来说，能够很好地感受悲伤，就能自然而然地引发出共情的意愿。在一位亲人离开我之后，大概有 2~3 年的时间，我都处于一种非常绵长而细腻的悲伤之中。当时的我并没有真正意识到这种悲伤不断困扰着我，但是每到阴雨绵绵，或者我受到生活中的一些小挫折的时候，我会不自觉地想到我那位离开的亲人。

这样的状态让我身边的人都为此而担心，即使没有任何的言语去描述悲伤，但是我身边的人是能够确确实实感受到悲伤的。

那段时间，我有时甚至会因为我自己没有能够时时刻刻地想到那位离去的亲人而自责，我用悲伤不断地提醒自己，我失去了她。虽然理智上，我知道这样的想法很荒谬，但是我让自己沉溺其中，无力改变，甚至欣然接受这种状态。

但真正让我意识到悲伤的力量，是因为我发现自己看待问题的观点和角度已经在不知不觉中发生了改变，我开始更多地只关注自己，而无法真正从整体的角度客观地看待问题。沉溺于悲伤中的我，变得脆弱又狭隘，就好像戴上了一副名为悲伤的有色眼镜，再也看不到真实世界的模样。

我的先生亚历克斯对于我的状态逐渐表现出他的担心，有一天他给我讲述了一个智者的故事。这个故事是这样的：

古时候有一个女人，她的独生子突然死了，这是她唯一的孩子。她抱着孩子的尸体非常悲伤，悲伤到什么事情都做不了，许多人来安慰她，但是这个女人只想救活她的儿子。她问每一个来安慰她的人，怎么才能救活她的儿子呢？

大家都不知道怎么办，于是让这个女人去找城里最有名的智者。

女人见到智者，说明了来意，智者想了想对她说："你去城里找一户没有死过亲人的人家，要到几颗芥菜籽，那么你的儿子就可以活过来了。"

女人听了很高兴，她抱着儿子的尸体挨家挨户地去找芥菜籽。

她敲开了第一户人家，别人告诉她："芥菜籽有很多，可是我们家已经有很多人过世了。"

她于是又走向第二家，得到的回答是："我们家已经有无数的人过世了。"

她又走向第三家、第四家……走遍了全城，去要芥菜籽，最后她终于明白，没有亲人过世的人家是不存在的，每一户人家都在和她共情，告诉她，不只你的亲人过世了，我们的亲人也有很多都已经过世了。

最后，那个女人把她儿子的尸体抱到了坟场，做最后的告别。

　　听完这个故事，我能感受到巨大的共情的力量，我就像那个女人一样，抱着我亲人的尸体走过一户又一户人家。

　　我对亚历克斯说道："以前我以为我在理智上，自然是知道我们都会死亡这件事的。可是在情感上，我却很难克服这种悲伤的情绪。你讲的这个故事，真的让我愿意把内心背负着的'尸体'放下来了。"

　　如果我们自己体验过悲伤的话，那么我们可以试着探讨悲伤本身的力量。这种力量可以困住我，让我停留在痛苦中，是因为我的眼中只有我自己和痛苦，我把自己和痛苦无限放大了。

　　而如果我们能稍稍移开对于自己的痛苦的全部注意力，那么我们就能感受到悲伤的另一种力量。通过悲伤去感受别人悲伤的方法，我们可以理解为将心比心。因为悲伤的特质就是容易产生共鸣。

　　当我们想要伸出援手去帮助别人走出悲伤的时候，哪怕感受到别人的悲伤的时候，我们会发现，我将不再仅仅关注于自己的痛苦和脆弱了。当我对别人的悲伤可以强烈地共情的时候，我发现我的懦弱被勇气所取代了，我的悲伤也被爱所取代了，我变得拥有力量而内心更开阔，从狭窄封闭的自我中解脱出来了。

　　悲伤的经验是我们每个人所经历的最宝贵的财富，经历过悲伤的人，才能理解别人的悲伤。这种理解是共情的基础，这种理解会帮助我们去舒缓别人的痛苦，而同时不那么看重自己的痛苦，这就是一种力量。

五 愤怒是失去控制的表现

我们从来没有想过愤怒是怎么产生的，我们在理论上认为愤怒是由于我们的目的和愿望一直不能达到，或者一再受到挫折，而逐渐积累而成的一种情绪。

当我们认为无法达成愿望所面临的挫折是由于不合理的原因或他人恶意所造成时，最容易激起我们的愤怒。同样，我们感受到我们的强烈愿望被限制或阻止时，或者有不良的人际关系时，这些也都是愤怒的来源。

愤怒是一种与生俱来的情绪反应，研究表明，在 4~7 个月的婴儿身上就出现了愤怒的表情。而 1 岁左右的孩子就会因为愤怒情绪而出现肢体性攻击行为。

我们在一种观念里会认为愤怒的人是非常具有力量的，我们看到骂小孩的父亲母亲，愤怒吵架的双方，表现出的是冲突非常强烈的样子，甚至旁观者会为此感到恐惧而想要远远避开。

但在心理学中，经过了无数人的情绪实验之后，得到的结论却与我们的这种理解正好相反。我们发现，那些试图通过表现得咄咄逼人而释放心中怒气的方法是错误的，因为那很可能使情况变得更糟；而相反，要想平静下来，表现得彬彬有礼，举止平和，深呼吸或者做一些渐进式肌肉放松法等都是比较有效的。

那么为什么我们却常常用吵架、冲突甚至攻击性行为来表达愤怒呢？那是因为我们没有能力来继续控制我们的情绪，或者将其转化为我们对于所面对的外部环境的态度。所以愤怒其实是一种失控的情绪，一种无力的表现。只有明白了这一点，我们才会试图去控制我们的愤怒。

如果我们试图想要去减少生活中的愤怒，可以参考目前最流行的情绪管理理论：ABC 理论。

ABC 情绪管理理论		
A（activating event）	诱发性事件	只是引发情绪和行为后果 C 的间接原因
B（belief）	个体对激发事件 A 的认知和评价而产生的信念 B	引起 C 的直接原因
C（consequence）	引发情绪和行为后果	
人的情绪和行为结果 C，不是由某一个激发事件 A 直接引发的 C 是由于经受这一事件的个体对 A 事件的认知和评价所产生的信念 B 所直接引起		

从 ABC 情绪管理理论中，我们得到一个信息，那就是一切事情发生的根源其实是缘于我们的信念、评价与解释。我们无法控制所处的外部环境，生活中常常会突然发生诱发性事件 A，但是我们对于事件抱有怎么样的信念非常重要。正是由于我们常常有一些不合理的信念，才会使我们产生情绪困扰，久而久之，甚至还有可能引起情绪障碍。

所以我们知道，愤怒是一种失去控制的状态，对于愤怒，我们不能任由其爆发甚至变成一种习惯。

莉萨是我的一个来访者，她告诉我她没有办法控制她的愤怒。一旦愤怒爆发，她会不受控制，久而久之，甚至会因为一些微不足道的原因而强烈愤怒。

她常常在事后对自己的愤怒感到很后悔和羞愧，但是在愤怒爆发的当下，她完全无法控制。

由于她的愤怒常常发作，导致她与他人的关系变得非常恶劣，甚至出现了仇恨的可能。她告诉我有时候她觉得愤怒让她自己变得十分荒唐。

我和她探讨了最开始放任这种愤怒爆发带给她什么样的满足。她承认在工作中，她的愤怒爆发确实让她暂时获得了她所希望的一些工作结果，但是从长远的角度看，她因此与他人形成了一种非常恶劣的人际互动模式。这样的模式，甚至影响了她与其他人的人际关系。

同样，愤怒抑制也并不是一个合适的方法。我们会向人隐藏自己的愤怒，积聚的愤怒对身体会有损伤，尤其是对心脑血管系统最为不利。而过分抑制愤怒，在人际关系中也会被别人当作是可以任意欺负而不必在意的人。

如果我们经常试图通过操纵我们的理智，来强硬地修改我们的负面情绪，那么有一天我们会面临认知负荷过重的一个局面，甚至因此而导致心境的矛盾性增加。什么是心境的矛盾性增加呢？莉萨告诉我，当她用理智控制自己"试着不要生气"的时候，令她无法预料的结果是，"反而增加了愤怒"。

这就是关于愤怒过度控制而导致了愤怒过度爆发的理论，一个一直克制愤怒的人，他会发现当愤怒克制到一定程度的时候，会在最不适当的时候爆发出来，从而造成不可挽回的局面，甚至有时候只能用跟自己过不去的方式来发泄愤怒。

所以我们会发现，无论是爆发还是抑制，都不是处理愤怒的有效方式。但面对愤怒我们真的束手无策吗？也并不是的，有一些简单的小技巧，只要我们坚持训练，还是可以减少生活中的愤怒的。

第一个方法就是调整我们对于事件的看法，转化思维方式，尽量学会多角度看待问题。如果我们认为愤怒可以帮助我们获得我们所要的东西，那么我们就不会控制我们的愤怒；而如果我们能够接受另一个观点，虽然我们可以用愤怒表达威慑——但这并非最佳方法——那么我们就会对自己的愤怒进行反思，而质疑其必要性。

如果有一个错误的信念，导致我们必须表达愤怒，否则会被看成弱者。那么我们是到了反思这种观念的时刻了，我们每个人都希望被尊重，但愤怒可以帮助我们获得尊重吗？

当我们开始对我们深信不疑的观念进行质疑的时候，我们就开始思考，愤怒真的有必要吗？而当这种思考开始发挥作用时，愤怒的情绪也就自然而然化解了。

当然还有其他的减少愤怒的方法，比如说当我们一时无法从我们的观念中转化的时候，那我们可以试着让这种思考过夜，更多的时间可以让我们恢复理性的思考，或者听听身边人的意见和思考问题的角度。

在愤怒时依旧尽可能地给对方留出时间表达他的观点，试图站在对方的角度去理解事情的另一种可能性。或者理性地把对对方的不满罗列出来，并将对对方的诉说内容都写下来。

当然在极度愤怒的时候，我们总是会犯一些毛病，不能就问题进行针对性的表述，或者就一个问题进行不断谴责。易怒会使人们很快表现出夸大其词的做法，甚至侮辱对方人格，从而导致不可逆转地损坏彼此间的关系。而不断地谴责会让对方持有自卫态度并进行反攻，从而产生不满情绪。经验告诉我们，争吵中越是将音量提高，越是能表达自己的愤怒，但是也越可能永久地伤害对方，而且使和解变得更难。

另外，愤怒也有其隐藏的表现方式，比如不断地自责也是不断加强愤怒的一种方式。因为不论是别人还是自己，我们都可以通过改变思考问题的角度而获得全新的理解。

六　压力是不能适应变化的反应

　　小强来见我的时候，说他感觉自己压力很大，但是他又认为最近他遇到的都是好事，他工作了两年，因为领导的赏识而得到了晋升，同时，他交往了三年的女朋友终于答应嫁给他。他正是爱情事业双丰收，春风得意的时候，并没有什么让他难处理的麻烦，除了他感觉睡不着觉，莫名焦虑。

　　我们一般把压力理解为是人的一种主观感受，一般产生于一些比较难处理、有困难和对自己有威胁的情况和事件。当然压力并不是这些情况和事件的本身，而是人对该情况的理解和反应。

　　但我和小强在探讨另一种关于压力的理解，压力是我们不能适应变化的一种自然的身体反应。心理学上将心理压力定义为当外界环境发生变化或者机体内部的状态有所变化时，造成的人的生理变化和情绪波动。

　　"所以即使我面临的是升职加薪、结婚这样的喜事，其实也在面临巨大的压力，对吗？"小强想了想问我。

　　"因为变化预示着我们对未来生活的不确定性，当我们面对不确定的时候，即使表面上看到的都是喜事，但压力依旧是存在的。"我解释道。

　　"确实，我也在担心，能不能适应升职以后所面对的工作，结婚以后的婚姻生活又是什么样子的。我尽量不让自己去想这些问题，但总是会在脑子里一再出现。"小强想了想说道，"我似乎有点能够理解为什么会有恐婚症这种情况了。"

确实，压力在生活中无处不在，极为普遍，是急需处理的问题之一。我们的生活忙碌到不堪重负的地步，背负着各种压力。在朋友聚会时，我们讨论的无非是经济、事业、家庭等事情，而这些都让我们承受了繁重的压力。

如果压力是无法化解的，那么我们所有的人，不论在经历着什么，最终都会被压力压垮，因为这个时代甚至很难找到片刻的宁静，所有的事物都在以某种倍速变化着。这也是我们感觉到压力的原因，因为压力的本质是我们不能适应改变的结果。

但如果我们试着让自己的观念变得更有弹性一些，试着去了解所有的事物原本就是在不断改变的，并且接受这种改变，我们的压力会化解吗？

我有一位非常奇怪的朋友，他每次到我的咨询室，都只是大哭一场。他的事业做得非常成功，但是为了维持这份成功，他感到非常大的压力。过去十几年，他赚了很多钱，现在却要承受很大的压力，大到他没有办法安然入睡。现在他必须十分努力地工作，以维持目前的财富水平。有一次他告诉我，在他刚开始做事业的时候，他想的是："如果我能赚到几百万，就会很快乐，很满足了。"

但是当他真的赚到几百万时，就会想要赚几千万。他为自己定下目标，然后给自己很多压力。当他达到这个目标后，再定下更高的目标，好让自己有借口去制造压力。因此他在自己制造的压力中，无法平静，无法放松下来。

我们真正在抗拒的，是改变这件事情本身，不论是变好或者变坏。我们都尽我们所能地，不允许改变发生。

我有个老朋友玛丽最近来看我，她看起来十分疲惫，很不高兴。她跟我说，几年前结婚时，她先生既有钱又有地位，也有名望，当时她还以为自己找到了如意郎君。很长一段时间里，她都认为这是天赐良缘。

然而现在，他们正考虑离婚，因为彼此再也不能容忍对方了。

没有什么是固定不变的，我们今天认为得到金钱、良伴、事业，或者某样东西之后，就会幸福，这样的想法本身就已经导致了有一天当这些外在的因素发生变化的时候，我们会无法接受这种变化而感受到巨大的压力。

我们要特别小心一种情况，那就是压力会在无形中吞噬我们的时间，而我们还不自知。当我们特别想要得到某样事物，或者完成某件事情的时候，会在无形中白白承受压力而浪费时间。

我有过一次这样的经历，当时我正准备写一本新的书，然后那一天从早到晚，我发现我都在不断地思量、担忧和盘算着。结果一整天下来，什么事情也没有做，只是思量、担忧和盘算着，让自己感受着巨大的压力。

那天快结束的时候，我开始反省自己一整天到底做了些什么事，得到的结果却是除了感到担忧和压力之外，什么也没有。

这白白浪费的一整天，让我更深切地体验了压力实际上是可以杀人于无形的。与其这样感受压力，完全沉溺其中，不如放松自己，打开一本喜欢的书，或者听一段音乐。

如果我们对于事物总是在变化这一点有了更深的感受，那么当变化到来的时候，我们受到变化的影响就不会那么明显，我们就不会随着外界每次的变化而内心感受压力。

有些人想要尝试，放弃现在的生活从而逃避压力，但这其实是于事无补的。因为压力仍然存在而且可能变本加厉，放弃一切而已经变得一无所有的你，和你之前的生活相比有了巨大的改变，这样的改变会让你更紧张、更焦虑，并且充满压力，这不是好的化解压力的方式。

化解我们生活中压力的最好的方式是在原有的生活基础上，增加一些知识。每次都只在想法上做一些小小的改变，日积月累，想法上的一个小小的改变也会对我们自己的生活方式起到非常巨大的影响，让我们不断理解，世上的万事万物都在不停发生着变化，我们生活中的每一个变化发生时，都只是让我们更确定这件事而已。

七　紧张是一种错觉

如果平时处于一种紧张的环境中，我们通常并不太能感受到。但如果有机会聆听大自然的声音，感受自然界中的微风、流水、瀑布，如果我们自然地感受白天变化为黑夜，朝阳升起或者夕阳落下，那么我们会发现，那一刻远离了紧张的感受。

如果我们要毁掉一个孩子，最简单的办法就是不断地告诉他："别做这，别去那，别说这，别唱那。"这样，就会让这个孩子不知所措，这个孩子很自然地就会感到紧张，就算没有人在身旁告诫的时候也会如此。

紧张是因为一些错误观念，我们总是认为事物必须是这样或那样，就像有人不断在耳边告诉自己需要这样做，需要那样做，这正是使我们紧张的原因。

我们有太多不正确的观念，就像我们告诫孩子的那样，告诉自己不能这样或者那样，但是如果事情的发展不能如我们所愿的话，我们很快就会变得非常紧张而且充满压力。

我们的朋友、家庭、伴侣或者任何的事情都有其已有的观念，有些固有观念让我们非常紧张，甚至成了痛苦的根源。这是为什么呢？因为我们总是处于希望和恐惧之间。

我们希望每件事都可以完美，但是又恐惧其无法完美。希望得到某件事物，却又恐惧得不到。我们几乎时时刻刻都在希望和恐惧间徘徊，不知所措，就像那个紧张的孩子一样，不知道该怎么办。

如果我们能够接受没有什么事物是完美的，或者能够接受不可能事事都如我们所愿的话，那么我们就会接受凡事尽力就好，紧张感自然就会得到缓解。

这真的不那么容易办到，因为从小接受的教育告诉我们，我们需要与其他人竞争，并且我们一定要成为最好的。读书的时候，我们会把成绩看得最重要，父母要求我们在一个班级中得第一，在一个年级得第一，有些父母甚至只用分数来衡量一个孩子。在这种教育方式下长大的孩子，往往不断追求的都是最好的。

但并没有一样东西是最好的，当我们发现这一点的时候，压力便来了，众多的问题也因此而生。

竞争的意识让我们不断在和别人比较。但从来没有人告诉我们，这样的竞争其实是完全没有必要的。

我在一位长者身边的时候曾经清楚地看到过自己的这种竞争心，我从开始见到他的欢喜逐渐变成了想要成为他身边最亲近的人，我开始排斥所有其他和我一样的孩子，当我有这样的想法的时候，我在他身边的时候就变得紧张起来，紧张得甚至让我不知道如何说话、做事。

同样地，在工作中你可能已经赚了上百万，也可能已经赚了上千万，但却还是看到，有很多人比你更有钱，你在这一群人的面前，依旧是无名小卒。这个认知让你觉得你必须继续去赚更多的钱，你在追逐的已经不是之前的目标了，而是自己的得失心。

小时候，在夏天的炎热季节里，我观察过蚂蚁，蚂蚁们四处不停地奔走着，它们正在追逐着某种东西。

我有时候在想，当今社会的我们，从小被教育需要有竞争的观念，进入社会首先考虑的是是否具有竞争力。我们站在高架桥上往下看，我们如此疾奔，难道不是正在狂奔的蚂蚁吗？我们对自己所追逐的目标，难道没有一些误解吗？

　　如果可以将竞争本身看作是一种错觉的话，那么因为这个错误的观念而产生的紧张情绪，一定意义上也并不存在。

八　没有比恐惧本身更恐惧的事情了

心理学上说恐惧往往是由于缺乏处理或缺乏摆脱可怕的情景（事物）的力量和能力所造成的一种情绪。我们生活在这个城市中，有各种各样的恐惧情绪，我有几位来访者分别和我聊过他们的恐惧情绪。

电梯恐惧或者密闭环境恐惧是我们生活中最常听到的恐惧症，但随着社会快节奏的发展，对于社交恐惧的人也越来越多，甚至有人发展到听到电话铃响就会惊恐万分。

我们有很多种关于恐惧症的治疗，但是我更愿意和我的来访者一起探讨，在恐惧情绪的背后，他们究竟在恐惧什么呢？

我们时时刻刻都有恐惧陪伴着，只是恐惧的感觉不那么强烈的时候，我们无法认出这种情绪。甚至恐惧的情绪会穿上愤怒的外衣，让我们无法一眼就看穿它。

比如说，我们都有这样的经历吧，小时候好不容易盼到家长带我们去游乐场游玩，我们兴奋得一整个晚上都睡不着，终于惹怒了家长，家长说："你再不好好睡觉，明天就不去了。"

听到这样的话的时候，我们就会很生气，我们没有认出这就是伪装了的恐惧。因为明天还没有到，不带我们去游乐场的事情也没有发生，那么我们究竟在气什么呢？因为当我们想要去做什么事情的时候，一定同时会有一个恐惧，害怕做不到，这就是小孩子最真实的恐惧的反应。

　　成年以后，恐惧变成了让我们裹足不前的一个因素，有时候甚至会伤害我们，所以需要去看一看，究竟什么才是恐惧的真面目。

　　小佳是一个社交恐惧症的患者，她没有办法独自一人在餐厅吃饭。我们在治疗的过程中，尝试了认知调整的方法，小佳以为只有她是这样的，她认为别人都可以轻松地做到在公众场合自如地表现自己。

　　我和小佳探讨她的恐惧背后藏着一个没有被看见的希望。如果我们可以理解恐惧来自我们的希望的话，自然能够理解，有些事情对于有的人来说并不那么困难，而对于别的人却成了某种障碍，那是因为，他们希望得到的并不相同。

　　当我们希望得到的和我们对自我的评价差别越大的时候，恐惧的感受也会越强烈。所以我在给小佳做认知调整的时候，会从两个方面去着手，一是她的希望是什么，二是她对自我的评价是什么。

　　我们对于自己都会有一个自我的评价，当希望得到的事物的难度越大，自我的评价越低的时候，恐惧的情绪就会异常猛烈。我们甚至无法去真正了解，自己究竟在恐惧着什么。

　　仔细观察一下就会发现，每个人对自我的认同是由各种不同的身份而组成的，我们的姓名、简历、伙伴、家人、房子、工作、朋友、信用卡……我们的安全感就建立在这些脆弱而短暂的元素之上，我们的理智知道这些元素无时无刻不在发生着变化，但同样地，我们是如此希望得到一个不会变化的稳定的自我，这就是我们共有的恐惧。

　　谈到恐惧，我们常常会想到死亡，但我们从未想过，我们那么恐惧死亡，甚至恐惧谈论死亡，这究竟意味着什么。

　　这并不是说不需要珍爱生命，只有在了解恐惧之后，我们才能更好地看到生命的全貌，帮助我们更好地生活。

恐惧其实无时无刻不在我们身边，只要我们有所期盼，就会有相应的恐惧产生，这件事情的本身并没有特别好或者不好，在我们的生活中，恐惧感有时候是提醒我们躲避危险的关键。

当恐惧感太强烈的时候，应该反思我们所希望得到的是不是确实超过了自己的能力范围，从而可以适当地调整我们的愿望。

在所有的关系中，我非常害怕的一种关系模式是惩罚和奖励的模式，虽然很多心理学都在研究如何利用好惩罚和奖励的关系模式，以产生更大的效益。但是在我的理解中，惩罚类似于某种恐惧。

我有一个来访者叫丽丽，她在年纪很小的时候有过一些情绪勒索的经历。如果仔细观察，人际关系中的很多相处模式，其实都能看到情绪勒索的影子。在能够形成的情绪勒索的关系中，双方一定隐藏着关于惩罚和奖励的相处模式。

我常常在想，如果我们去做一件事情，并不是出于我们自身的希望或者爱，而是因为某种恐惧的话，那么奖励和惩罚的模式会更进一步加深这种恐惧。关系双方就很容易演变为情绪勒索的施加者和被勒索者。

我们需要对自己的恐惧有所了解，恐惧是伴随着希望或者愿望而产生的一种自然的情绪。

当我们的恐惧情绪非常强烈的时候，我们需要去评估我们所面临的局面——是否需要调整某些关系或者某种愿望。

如果是由于缺乏处理问题的能力或者缺乏摆脱可怕的情景（事物）的力量和能力，那么相应地我们也可以向周围人求助，从而缓解这种恐惧情绪。

第三章

共情的方法

在共情的过程中，我们可以看到倾听者的共情表达是非常重要的，直接影响着叙述者能否感知到共情。所以我们需要学习怎么样用更能够直击他人内心的言语来表达我们的想法和感受。表达共情需要我们在自我觉察、细心反思以及大量的实践之后，将我们的洞察表达给对方。

共情的概念，最早出现在心理咨询中，是由来访者中心治疗的创建者罗杰斯提出的。

罗杰斯认为，人的行为是每个人对外在世界独特的感知的产物。咨询师在做咨询时，要想理解来访者的行为，同时帮助来访者理解他们自己的行为，就必须"感受来访者的个人世界，就好像那是你自己的世界一样，但又绝不能失去'好像'这一品质"。

共情并非引诱……

你只需倾听并及时回应，如同来访者所说的故事正在发生一样。

你不需要掺杂任何自己的思想，切记不要责备和限制来访者的表达。为了显示你理解的准确性，你可用一两句话来核实来访者想表达的含义。

这种表达可能是运用你自己的语言，但是对于一些敏感棘手的问题，你最好借用来访者的词语来表达你对他的共情性理解。

罗杰斯对共情是这样理解的。

一 共情是理解自己和他人

1. 共情是与生俱来的一种能力

可以简单地把共情理解为体验其他人内心世界的一种能力，共情又有许多其他的名字，例如同理心、同感心之类的。现在这种能力已经被社会所普遍接受，而不再仅仅是心理学上的一种咨询技巧了。

从婴儿的情绪研究中我们发现，情绪的共情是一种与生俱来的能力。这种能力从婴儿期到成年期呈现出下降趋势，到老年阶段有所上升，呈现出 U 形的发展轨迹。婴儿常常会对知觉到的他人的情绪产生共鸣反应，例如听到哭声也会一起哭。但是在婴儿期之后，这样的情况就出现了下降的趋势，不会再出现盲目复制他人情绪行为的共鸣反应了。在儿童 3 岁之后，这样的共鸣反应就基本消失了。

有研究认为共情的过程其实包含了两个心理过程：一个是情绪的共情，另一个则是认知的调节。因此，也有一些研究者并不把婴儿的这种早期的情绪反应看作是真正的共情，因为婴儿并没有真正理解诱发他人感受的情境，缺少认知的成分。

随着儿童早期情绪理解能力的发展，儿童开始可以对他人的痛苦产生真正包含认知成分的共情和其他各种情绪反应了。包含认知的共情在 1～2 岁的学步期儿童中快速发展。在日常生活中，学步期儿童就已经可以对母亲的悲痛做出关切的反应，12个月大的婴儿就会安慰悲伤的同伴，14到18个月大的时候就能够表现出自发的助人行为。在其随后成长的一年时间里，共情反应的范围就会更广，也更复杂。

儿童出现的最早期的共情反应是偶尔发生的，伴随着亲社会的行为，例如努力安慰悲伤的人这类的行为。随着年龄的增长，共情的反应总是和助人行为以及其他亲社会行为有关。到童年的中期，儿童开始具有真正的共情能力和更强的情绪理解能力。这些能力的发展也增强了儿童对他人情绪感受的敏感性。

从对儿童的共情研究中可以看到，共情的能力并不仅仅是一种技巧，而是每个人与生俱来的一种能力，可以理解为是我们每个人所需要的，理解自我和他人的一种能力，也是我们融入社会，更好地理解所生活的这个世界的一种能力。

2. 透过他人的眼睛看世界

我们理解共情的时候会知道共情不仅仅是一种态度，更是类似于透过他人的眼睛来看这个世界，需要感同身受地倾听和体验对方的内心世界。美洲印第安人称之为"穿着他人的鹿皮鞋行走"。然而共情并不意味着要将自己的情感和思维与他人的相混淆。我们常常会有这样的误会，以为自己的共情能力很强，常常会对别人的痛苦感同身受，甚至有人告诉我，因为看到别人的痛苦，自己也会痛苦得无法生活。因此，误解为共情会对自己产生伤害。但事实上并不是这样的，这样的对他人情绪的感知能力并不能真正称之为共情的能力。

培养共情能力的时候，我们会被要求去接纳对方，但是同时我们仍然需要保持自己的独立性，忠实于自己以及自己的信念。这可以帮助我们，从而避免过度地沉溺于对方的情绪之中。

同样，我们需要去理解，每个人所经历的家庭、文化和背景都对我们的生活有着深远的影响。因此，在共情中，需要努力尝试去理解的，不仅仅是站在我们立场下观察到的对方外在的行为、观点、情绪等，也同样需要去理解对方的背景，以及影响他的行为、观点、情绪等家庭、经历和文化的因素。

在共情的时候，我们必须破除自私、自我封闭、自我概念等，学会真正地倾听。与人相处时，我们试着打开自己，不要总是以自己的参照框架为标准，而是试着进入别人的标准中，试着把自己放在对方的位置上，去感受和理解对方的喜怒哀乐。

其实这也是共情的实质——把你的生活扩展到别人的生活里，把你的耳朵放到别人的灵魂中，用心去聆听那里最急切的喃喃私语。你是谁？你感觉怎么样？你是怎么想的？你最看重什么？这些就是共情需要去探索的问题。共情既顽皮又好奇，而且关注着每时每刻的沟通。

当共情被善意使用时，它能修补人与人之间的关系中长久深存的裂痕，共情能够促进人与人之间的相互理解。

可以说，共情是跨越人与人之间鸿沟的一座桥梁。我曾经无数次见到共情是怎样起作用的，它能奇迹般抚平人与人之间的紧张关系，同时也能让人更好地理解自己。因此我坚信，相比于其他任何能力，共情的能力才是建立人与人之间互爱关系的关键。

在共情的引领下，我们通过理解他人，消除正在影响着很多人生活的那些不良情绪，例如孤独、恐惧、焦虑和绝望等情绪。通过理解他人，从而扩展了自己的边界，可以到达未探索过的空间去建立更深入、更真诚的关系。

通过自我扩展，我们能赋予内在生命更多活跃的能量和意义感，能体验到生命中最具意义的感受——感恩、谦逊、宽容、宽恕、仁慈和爱等精神品质，我们也能不断获得成长。

3. 共情具有理解的疗愈力量

共情是头脑能做的第二伟大的事情。科学家们都很注重保持客观，但他们也对共情非常着迷。得克萨斯大学的心理学家威廉·伊克斯是在共情研究领域中最高产和最德高望重的研究者之一，他在自己的《共情的精准度》一书中做了如下表述：

首先，我们是有意识的——清醒并能觉察到我们自己正在思考和正在感觉着的。

其次，我们是能共情的，也就是说，我们能在更深层次上相互理解，真实地感觉到他人的感觉，明白他人的想法、主意、动机和判断。

共情是人与人之间相互联系的纽带，让我们能在行动之前有所思考，去了解那些处于痛苦中的人们，教我们如何利用推理能力来平衡情感，激励我们向人们所能够追求的最崇高理想努力。

心理学家罗杰斯认为："为了帮助他人成长，咨询师需要与来访者建立和谐的人际关系，并对来访者表达无条件的积极关注以及共情性的理解。"共情被定义为理解他人特有的经历并相应地做出回应的能力。

心理咨询与治疗发展至今，不论是人本主义治疗、认知—行为治疗、心理动力学治疗，还是其他的大多数咨询与治疗学派，都已经意识到了共情的重要性，共情的疗愈价值已经完全被认可和普及了。

在生活中我们不仅仅可以使用共情来帮助到别人，同样也可以运用共情来分析自己的情绪体验。我们需要这样的能力，去理解所面临的情绪问题，从而达到生活的和谐。

当我们能够明白如何改善自己的人生的时候，也就会自然知道如何去关怀别人了。我们可以拥有这样的能力，而不仅仅是说一句"我理解你的感受或想法"，这样的话，当我们去安慰别人的时候，往往并没有太大的力量。

所以共情绝不只是好心人的特权，而是一种源于我们内在的可以起到疗愈作用的力量，它能提高我们对他人想法和感觉的觉察力，驱使着我们去深入而不仅仅是流于表面地理解别人。

当感觉到自己被设身处地地理解的时候，我们就会感觉到自己被接受，从而感到愉悦、满足。在这样的情绪之下，我们会试着敞开心扉，试着表达自我，探索自我，失去自我的人也会逐步重拾自信。我们会变得更愿意与对方深入交流，建立人与人之间的信任。

共情指引我们建立亲密而持久的关系，同时，也教导我们如何保护自己免受他人的蒙骗和伤害。这就是共情的疗愈力量。

4. 共情的两面性

共情的两面性是指这种与生俱来的能力既能用来助人，也能用来害人。共情就像海浪一样，有时温柔轻抚，转瞬间又凶猛恶毒。共情就是个矛盾统一体。我们可以用共情来引导他人的情感和行为，也可以用共情来进行自我保护和防卫。

我们可以把共情作为一个评估的工具，帮助我们去识别出别人什么时候是出于好心，什么时候是想利用共情来欺骗或者伤害我们。

同样我们更需要明白真正的共情是由真正关心他人和渴望去帮助他人而激发出来的强大力量。如果是有目的的共情，那么我们会不自觉地更关注于他人能给我们带来什么，或者我们能设法从他们那里逃避掉什么，这并不是真正的共情。

随着越来越多的人掌握了共情的能力，我们也可以更好地识别那些别有用心的共情，从而让这种能力更好地保护自己。

5. 共情是我们对整体生活的理解

共情虽然在大多数的时候，会被我们认为只是针对个体的一些问题，例如和我们发生社会关系的某个人。但有时共情也可以指对整个社会或者整体生活体验的一种理解与接纳。

共情是一个真正的生存技巧，是一种天生的理解他人的想法和感受的能力，也是一种先天就有的强劲动力，能激励我们建立一种深厚的友情和一个充满关爱的社会。

共情是社会行为、智力行为和道德行为中的一种基本元素，它能鼓励我们做出有同情心和利他行为的举动，能把我们带到一个人的内心深处。

共情的社会性会让这个世界更加善良，更加安全。如果我们每个人都失去了彼此间的连接，如果我们变得只关注自己的需求，总是去评判而不是去宽恕他人，那么对任何人来说，生活都会更加艰难。

　　我们通过共情加强了与他人和与自己的关系，生活中的悲伤和痛苦就会更容易接受。共情并不需要任何成本，所以并不是只有有钱人、受过良好教育的人或读书人才能拥有。共情是每个人都可以拥有的能力。

　　共情是可以传播开来的——如果你"共情"别人，别人也会加倍地"共情"你。

二 共情是通往亲密关系的道路

1. 学会非暴力肯定性沟通

在共情所有的巨大作用中，我特别想提到的是共情对于亲密关系的巨大影响。甚至可以说共情是通往真正的亲密关系的道路。一段好的亲密关系是怎么样的？我们已经习惯的相处模式，无论是家庭模式或者人际关系，为什么在无形中甚至给我们的生活带来了巨大的痛苦？

我有一位年轻的来访者白瑞，30岁左右，单身，常年和父母生活在一起。她告诉我她父母对她的影响非常大，甚至她感觉自己找不到男朋友或者无法结婚，都是因为她没有办法摆脱她父母对她的影响。

她用可怕来形容她的父亲，因为他脾气火爆，难以相处，家人决定大小的事情时，都必须听从他的观点。他会不断打电话骚扰她，甚至在她的工作时间，只是为了得知她的情况。她父亲要求她每个周末都必须在家里吃饭，这导致她偶尔周末想要和朋友约个私人的饭局却一拖再拖。

白瑞告诉我，她也试着对她父亲说不，找各种借口或者其他的方式回避他。但是，她父亲会不断和她争吵，一直把她逼得走投无路，最后她会缴械投降，顺从他。让白瑞意识到也许是她出现了某些状况的原因是，她有一天发现，她接触的领导，竟然都是像她父亲一样，性格恶劣又总是逼迫她去做她不乐意做的事。她对此毫无办法，对于那些她不乐意做的事情，她从不主动去做，但是似乎她的领导却不准备放过她。

白瑞告诉我，她和她现在的领导几乎已经相处成了水火不容的局面，她和其他一些同事都不喜欢这个领导，但是白瑞是公司的老员工，也并不怕他。在某次领导给她打电话发泄自己怒火的时候，她就直接拒接了他的电话，甚至无法控制地对他说出了长久以来的对他的愤怒。

当然，她的领导在电话里直接指责了白瑞。虽然白瑞告诉我她从不后悔说出内心的真实想法，但是她也知道，从那一刻开始，她的领导不会放过任何打击她的机会。确实，她的领导利用了自己在公司中的权威，在所有的场合都表达了对白瑞工作能力的质疑，以至于她错过了很多原本可以晋升或者调岗的机会。

白瑞问我为什么会发生这样的事情，是因为她父亲对她的影响吗？我问白瑞，在她的公司中，所有人都是这样对待她的领导吗？她告诉我并不是这样的。

她有一个同事叫佳杰，他的领导也经常找佳杰，但是佳杰似乎并不因此感到困扰。他好像是真的挺喜欢这个领导的，领导对他也是这样。事实上大家都会看到领导常常在工作中给佳杰许多帮助和提示，也会带他去拜见一些重要的客户。白瑞感慨，佳杰似乎总是能将同事关系处理得灵活又得当。白瑞回忆道，在她和佳杰共事的几年间，也确实因为工作上的冲突而发生过一些矛盾，甚至有关系紧张的时刻，但是佳杰总是能将问题解决得漂亮又稳妥。

我向白瑞解释道，在我们人与人相处的关系中，会存在三种行为：一种是消极行为，或者也可以称为消极攻击性行为，类似于她对她的父亲所做的事情，将她父亲视为麻烦，尽可能地躲避；第二种行为我们可以称之为攻击性行为，类似于白瑞对她领导所做的事情；而佳杰更擅长的是第三种行为，我们称之为非暴力肯定性沟通行为，这种行为也是实行良好情绪沟通的准则。

我们会发现，精通非暴力肯定性沟通行为的人，既不消极也不具有攻击性，这种沟通方式同时尊重了自己的底线和他人的需求，能够给予并得到我们需要的东西。

"有一次佳杰和我共进晚餐，"白瑞回忆道，"那次是非常独特的经历，让我似乎能够明白了一些，为什么他并不那么讨厌他的领导。他们之间的沟通方式是完全不同的。那次吃饭的时候，他的领导连续给他打了三个电话来讨论他们将在第二天去拜访的客户的情况。

"第三通电话的时候，我猜测他是不是会发火，但我听到他深吸了一口气，然后说道：'领导，你知道这个客户对我有多重要，你也知道我真的感激你为我做了那么多。'我能感觉到佳杰说这些话都是出自真心的，因为他没有必要强迫自己说这些，我不知道电话那头说了什么，但是我能感觉到紧张的气氛减缓了。

"然后我听到他继续说道：'但是你已经给我打了三次电话了，我们总是在讨论同一件事情。我们之前已经聊了一个多小时并且达成了一致，我们也已经确认过可能发生的意外情况，并且讨论了相关的预案，现在你因为同样的原因又给我打电话，这让我觉得有点难办。我也同样需要感觉到我们是一个团队，你会尊重我的需求，就好像我尊重你的需求一样。你同意吗？'

"两分钟后，通话结束了，佳杰也能够和我一起专心吃饭了，他很冷静，就好像只是被告知某个航班安排一般。"

白瑞回忆当时她非常震惊，她想到那么多年她和她领导沟通时候的愤怒情绪，她始终认为她的领导总是在不合适的时间打扰她的生活，而她毫无办法。

佳杰用了一种共情的力量，因为共情所以能够理解，因为理解而产生平静的思考方式和处事方式。稳定平静的情绪对于人和人之间的关系起到了安全感的作用，只有放下消极的观点和攻击性的角度来看待我们身边发生的事情，才有可能真正建立人和人之间的联系。

2. 调整我们的理想化视角

"坠入爱河，是我们的文化中唯一一种可以接受的精神病。"一位精神分析学家曾经这么描述爱情。

一旦坠入爱河，我们常常就会表现出无法保持专注力和对这个世界的客观性理解。我们好像生活在某种梦境的状态，看不清楚，想不清楚，也感觉不清楚。我们总是处在一个让人头晕的情绪过山车里，兴奋不已又头晕目眩，我们的所思所想总是绕着我们爱上的对象打转。

我们在人和人的关系中，常常会不知不觉地犯一些错误。比如理想化就是在关系建立初期会发生的一个误会。

我的好朋友佳琳就常常会有理想化的认知。她每一次陷入爱河的时候，都会相信这次应该能成。对于她遇到的每一个对象，她都会对自己说：这一次，她会选到一个对的男人；这一次，她能改造他来适应自己的需要；这一次，他会做力所能及的任何事情来让她高兴；这一次，他会意识到如果没有她，他就没法活。

但是每一次，当理想化的认知开始消退之后，她都会以幻想破灭和灰心丧气来收尾。

共情在帮助一段亲密关系的建立中，最重要的一点是在其客观性的方面。甚至有时候，共情就是客观性的同义词。客观性是指能够如实地、不加扭曲地看到这个世界本来样子的能力。

精神分析学家埃里希·弗洛姆（Erich Fromm）在一本经典著作《爱的艺术》中，也强调了客观性在爱一个人的行为中所处的中心地位。

在亲密关系的建立中，我们必须客观地去认识对方和自己，以便使自己能够看到对方的现实状态；我们需要去克服我们的幻想，克服我们想象中的被歪曲了的关于对方的图像。我们只有客观地认识一个人，才有可能在恋爱关系中了解到他的真正本质。

共情在亲密关系中，为什么那么重要呢？因为只有共情才会让我们理解到我们只有在真正愿意把他人看成是一个错综复杂的人的时候，才能够体验到真正的亲密感。

我们想象中的亲密的爱人是什么样子的呢？如果我们愿意仔细思索一下，我们就会发现，我们希望对方可以很完美，没有缺点，完全认同自己。这样的感觉类似于那些挂在墙上的画，非常漂亮，很引人入胜，但它是固定的、静止的，就好像一幅海浪拍打在礁石上的照片，再漂亮，我们也没有办法听到海水拍打石头的声音，我们也感受不到溅在脸上的、咸咸的浪花。这样的画无论再漂亮，我们都无法走进或改变它。

我们并不会认为我们把自己的亲密爱人看作一幅静态的画或者一件艺术品，我们从不承认这一点，但是我们是多么希望与自己建立亲密关系的那个人可以保持不变啊。这样的话，那个人就可以与自己头脑中所构建出来的图像相符了，那个图像是经过了我们的意识打造来满足我们需要的。

你别不相信这件事情，你一定听过很多你身边的人这样抱怨："我刚认识他的时候，并不是这样的啊，那时候他可体贴了。"或者是："刚恋爱的时候，他就是随叫随到的，现在连回个消息都只是'好的'。"在每一段亲密关系中，我们总是在抱怨的不就是他变了这一点吗？

如果我们把我们的亲密对象当作人来看待，那么作为一个人，最自然的一点就是，他是个有血有肉，会头疼、牙疼，会有臭脾气和坏心情的人，人自然是会改变、发展的。如果我们希望的是亲密对象静止不变的话，那么我们其实是希望对方是一个类似于艺术品的物体。当我们把人看成物体的时候，他们的灵性就被破坏了。

我的一个朋友告诉我，她能清楚地记得让她开始质疑她跟她丈夫之间关系的那个早晨。那天早晨，她丈夫在上班前，伸出双臂搂着她，告诉她他是多么爱她，然后说："你是一个完美的母亲，一位优雅的女主人，一个深爱并关注丈夫的好妻子。我想你的余生都能保持这个样子。"

她对我说，她从来没有发现过她的丈夫是如此自恋，她甚至怀疑她丈夫是否真正将她作为一个真人来对待，还是仅仅只是一个概念或者想象出来的样子。

自恋是指将注意力只集中在自己身上的行为，它会让我们无法把对方看成是一个不断发展、不断深入的人。在一个自恋的人的眼中，亲密伴侣的意义变成了他能给予自己什么，甚至所处的现实情况，也都会按照自恋者的需求、愿望、恐惧和渴求来进行定义，乃至这整个世界就只缩减为自恋者被爱的需要。

过多的被需求驱使的爱，其实是我们自己想象出来的爱，类似于爱上了一件艺术品。这种爱的感觉，开始的时候会让我们感到很舒服，因为艺术品是没有缺点、没有瑕疵的。但是这样的关系会阻碍我们走得太近，因为我们无法接受看到他人身上存在不完美，同样，也不愿承认自己身上存在的不完美。

这就好像说，如果我们要爱上一个静止的艺术品，那么我们自己也不得不成为一个静止的艺术品。在这样的状态中，亲密关系是无法得到进展的，因为一旦亲密关系得到发展的话，我们会不得不面对暴露自己的风险，这是我们认为自己绝对无法承担的。

当我们的亲密关系完全是由于需求，并不是由共情所驱动的话，甚至整个世界都会因此而缩减，最后只缩减为我们被爱的需要。如果我们的爱是由共情而产生的，那么就会呈现出我们很想去更多、更深入地认识我们自己，以及他人现在的样子和随着时间将要变成的样子，这不是一件充满希望和动力的事情吗，这才真正体现出我们能够自我成长的灵性所在。

在我们开展人生第一段亲密关系的时候，也就是我们和我们父母之间的关系，那时候的相处模式会对我们成人后的亲密关系产生影响。事实上，所有的孩子都会以为他们身处在一个自己想做什么都能做成的世界里。这就是所谓的"全能感"的现象。

但是当小孩子和父母、亲戚或者老师开始共情式的互动的时候，他们会开始产生对自己更加现实的一些看法。如果那个时候，他们能够被以共情和尊重的方式对待的话，他们可以渐渐看到，他们其实并不能做到所有的事情，他们有能力慢慢学着接受这些局限，不会因此而觉得很丢脸。

当我们用共情来指导与孩子的互动时，他们就会逐渐知道并且有一个肯定的信念产生，那就是一次不佳的表现不会影响到我们对他们的尊重，也不会改变我们对他们的爱。安定感就是这样一点点通过共情的方式而产生的，有了这样的安定感才会逐渐产生安全感，才能获得一个更稳定的情绪基础。

共情在孩子建立第一段亲密关系的时候，就能够帮助孩子学会逐步理解自己的局限性，并认清现实——无论我们怎么努力，自己都不可能是万能的。在共情的环绕中长大的孩子能发展出一种有安抚能力的自我声音，这个声音会向他们保证，即使不能事事都得第一，或者没有当选班级班长，他们还是值得被爱的。

如果在一个缺乏共情或没有共情的环境里成长，孩子就会发展出一个苛责的内部声音，一直在不断重复"你做得还不够"这样的信息，这通常又会产生一个自暴自弃的结论"你有欠缺"或者"你不够好"。

长大之后，我们总是会低估我们的成长史对成年亲密关系建立的影响。但是即使是心理最健康的人也会背负着他们的过去，只有共情能让我们觉察到过去的影响，引导我们现在的认知，帮助我们看到自己的过去在哪些地方还在继续指挥着现在。

3. 避免关系中的两极化

如果亲密关系在一开始建立的时候，不是从共情的基础出发，而是从自我需求的满足出发，那么经历过理想化的状态之后，必然会出现整个理想化状态的崩塌。这个时候，两极化的观念会出现，从一个完美的极端走向另一个无法接受的极端。

因为随着亲密关系的发展，现实生活中的种种情况都会介入我们构建的理想世界中，终有一天我们会突然看到那些在理想化阶段被忽略的不完美的地方。我们经历过了情绪的过山车，从那种让人兴奋不已又头晕目眩的"坠入爱河"综合征中清醒过来的时候，突然发现之前被爱情模糊的双眼变得清晰了。

当我们发现可以更清楚地看到自己的亲密伴侣的时候，我们也会突然看到那些恼人的坏毛病，身体的缺点或者情绪方面的问题，观点的不同或者奇怪的脾气，我们甚至会诧异说当时难道是我眼瞎了吗？

这个过程是从什么时候开始的，我们甚至很少注意到。可能是从某一次他讲的一个日常的笑话，原来也不那么好笑；或者是某一次，当他像往常一样说些他的观点的时候，我们却不想听了。

我们发现这个曾经被我们理想化的人，原来笑起来声音那么大，总是喜欢打断别人说话，总有一些负面的情绪和偏执的意见；不需要他说话时他总爱插嘴，需要他说话时又像根木头一样坐在那里，没有任何见解；他出汗太多，脚很臭，有口气或者牙齿参差不齐，所有的细节都可以成为我们再也无法忍受他的理由。

这时候，无论我们是否意识到，我们花了大力气构建出来的理想对象的形象，开始出现裂痕甚至接近崩溃了。两极化就是在突然间发现一直理想化的某个人或者某件事，并没有我们所以为的那么完美。

我有一个朋友，我们都开玩笑地叫他胖子，他的情绪起伏波动非常大，当他处于热恋的状态时，他身边的人都能感受到他的生活中充满了快乐、激情和活力，我们会戏称他为快乐的胖子。

但是一旦当他发现他所爱的人并不如他想象的那个样子的时候，他就会完全变成另外一个人，仿佛整个世界都处于一种消极的视角中，然后进入一个失恋、颓废的状态里，直到他再次遇到一个心仪的女孩。

有一次，他结交了一位新的女朋友，大家都为他感到高兴，可是才过了没几天时间，他却很沮丧地对我说，突然之间发现，那个女孩不关注他的需求和渴望，是个非常自私的人。他甚至觉得他们之间根本无法沟通。这个女孩子很无趣，和他一点共同话题也没有，整个约会都处于一种非常沉闷的状态，他连想说话的愿望都没有。

胖子从他自己的描述中，也发现了一点，就是他会很快把对一个人的认可转变为不认可，几天前他还会觉得这个女孩子风趣幽默，善解人意，几天后就发现当时最吸引他的点变成了他最无法接受的点。

他总是在仓促之间下判断，然后很快又把某个人的特性看成是所有人的共性。"不仅仅是这个女孩子,所有的女孩子都是这样,只关注她们有兴趣的地方,聊几次天就变得很无趣。"他告诉我,"她们都是这样的,最后总是这样。"

胖子的这种泛化的过程会在越来越大的范围内不断扩展,直到涵盖胖子的全部世界,也包括他自己。

他对我说:"有时候,我觉得我真的是个白痴,我总是这样,我为什么就不能吸取点教训呢?"有的时候他却会说:"我是怎么啦?我为什么不能多了解一些再开始一段感情呢?我生活中的人都是这么浅薄、这么表面化的,好像所有的事情只是浮于表面化的一种关系。我在想也许我需要接受一个事实,就是我确实不会处理任何有深度的关系。"

我们很多人都会这样,试着在别人的认知里找到自己,就好像将别人的反应看成是一面镜子,在别人所呈现的镜子中,我们看待自己。一开始的时候,我们看到反射的自己都是美丽无瑕的,这个时候我们的关系开展会非常顺利,我们也会感受到愉悦和满足。

但是,当对方眼中的完美图像开始破裂的时候,我们自己的图像也开始破裂,因为我们一直习惯拿着别人的反应来看待我们自己。胖子其实是处于非常害怕这种完美形象破裂的一个状态,他会认为这反映出了关系的脆弱和瓦解。所以他常常会选择先结束这段关系,然后再重新开始,这样他会不自觉地再一次沉浸于征服他人的乐趣和理想化他人的状态中,当然同时,他也会沉浸于被他人理想化的激情之中。

我们所处的任何关系中一旦表现出两极化的倾向,那么我们的关系就可能变得很动荡、很没有方向。当我们缺乏共情力的时候,我们只会尽力保持现状,或者忍受着颠簸的关系,却不太知道,其实我们具有解决问题的能力。或者,我们就像胖子一样,会突然结束一段关系再去重新开始另一段。如果没有共情来为关系的发展指路，我们就很难从两极化的倾向中走出来，带领我们的亲密关系发展到相互整合的和谐的阶段。

如果试着学会在一段关系的开始、中间、结束各个阶段都能够用共情来指引方向的话，那么我们就会和每一段关系一同成长。这并不是一个容易的过程，但是在这个过程中，我们能学会如何接受一些新的变化和新的调整；我们会发现并敢于承认，原来每个人都有弱点和瑕疵，并不是十全十美的。

当认识到我们都不是完美的这一点后，我们和自己所处的关系都将会面临某种程度的挑战，因为我们需要理清关系中双方的不足，以此来认清能改变的和不能改变的东西，然后再决定自己愿意把多少时间和精力投入改变和成长的过程中。

在认识到不同的人有不同的生活方式之后，我们就可以通过共情来判断，我们是否能适应那个不同的审视角度，或者会试着判断他人是否愿意改变他们的视角，来包容我们特有的生活方式，这就是一个共同成长、相互融合的共情的过程。

4. 不要把一个问题泛化处理

当一段关系发展到呈现出两极化状况的阶段时，基本就是一段关系开始发展变化的时候，如果能够用共情的方式互相成长，那么接下来就有可能走向一段更稳定的亲密关系。但如果没有办法很好地处理变化发生时呈现的这些问题，接下来还有几个问题可能就会跟着出现，泛化、非黑即白、投射，这些问题都是"好朋友"，常常成群结队来骚扰我们的关系。

接下来我们先聊聊泛化，这是当我们的关系出现变化的时候，两极化的情绪开始出现，紧接着常常会出现的一种状态。比如胖子开始认为那个女孩不有趣不幽默的时候，他就慢慢觉得他遇到的女孩子都这样，甚至会认为他自己不适合展开任何的亲密关系。这种从某件事的感受扩展到全部的思考方式，我们称之为泛化的过程。

我们有时候会在猛然间意识到，我们总是仓促地做出一些评判，并对问题进行泛化处理，比如说我们会有很泛化的评价，例如：他很过分，她很懒，他很被动，她很有攻击性，他从来不主动做什么事情，她的主意总在变，他有神轻质，她是个懒虫，等等。我们会将某一件事情或者几件事情所产生的影响应用于所有的场景，甚至给它贴上一些标签，一旦我们对某个人贴上标签化之后，那我们就很难看到其他不同的情况。

我有一位年龄略长于我的老师，他有次来找我，非常想得到一些建议。他告诉我他的太太有一个让他很讨厌的习惯，就是很爱攻击男人。他发现他太太似乎无法忍受男人，她总是不断攻击他的男性朋友，她总是笑话她女儿的男朋友。

他告诉我，他甚至觉得他太太最幸福的时候，就是同情那些受到过男人的伤害的女人的时候。曾经有一次，某个邻居带着一只新养的小狗来他们家里串门，邻居提醒他要小心，因为这只狗好像不太喜欢男人，但是他太太却说："多么聪明的狗狗啊。"

他想得到的建议是他应该怎么和他太太沟通，让她能够知道，她不停地攻击男性是会有损他们夫妻之间的关系的。当时我并没有给他很多长篇大论的建议或者详细的答复，我建议他试着让他太太能够了解到，她的评论对他的伤害有多大，另外我也建议她太太可以做一些心理咨询和治疗。

很遗憾的是，他的太太后来并没有来找我，从共情的角度，我愿意多了解一些这个女人跟男人人际关系的背景和过往史。她对于男性充满了一种愤怒的情绪，而愤怒通常与长期的屈辱感有关系。

我不知道在她的生活中，她曾经受到过男人怎样的伤害，以及她是从什么时候开始把所有的男人都归为一类的。这种泛化的思维方式又是如何让她感觉到舒服，从而保护到她的，以及她过去在什么情况下没有被共情地对待而一直处于愤怒的状态中的。

要搞明白这些问题是需要花费一些时间的，但是通过这个过程，我们会发现所有的相关信息。当这位太太被共情地对待，她就会对自己的想法和感受有全新的理解。她会知道她这种大范围的泛化是会伤害到她丈夫的，因为她没有考虑到他的独特性。

同时，这个过程也会帮助那位向我求助的朋友，帮助他理解到，他太太的那些负面看法，是因为她看问题的视野很受限，而这种情况大多数发生在人们没有得到共情式对待的时候。他太太的很多想法和感受并没有得到足够的、敏锐的、带有关心的理解和回应。

我不知道我朋友为什么在结婚前没有发现他太太是这么负面的一个人，但是我相信在这个过程中，共情会帮助他来面对现实的状况，找到应对的方法。同时他也可以了解，他过去的什么经历影响了他的观察，让他之前没有看到这么明显的事情。

他太太会改变吗？她的信念系统是否非常根深蒂固，以至于她根本不会为改变去做任何的尝试呢？如果他就此允许她这样，最后是不是会损害到他自己的核心利益？如果没有经过大量的内心探索，是得不到这些问题的答案的。

虽然共情通常会让我们不要在一场注定会失败的战斗中投入太多的精力，但有时候我们还是会在所有的信号都指向"离开"的时候选择留下来。

许多年以前，正在考虑离婚的一对夫妻来找我咨询。当时我还很年轻，咨询的案例和经验并没有现在这么丰富。我记得这对来访者中的丈夫坦率地承认，他对妻子已经"没有了那种浪漫的感觉"。当时虽然明知丈夫的感觉是不会变的，但妻子还是决定要跟他生活在一起。

他们都很聪明，而且有很多共同语言，他们一起讨论时事，阅读经典书籍，听共同喜欢的歌手的演唱会，看各类舞台剧、话剧表演。他们决定就这样生活在一起，虽然不再是性伴侣，但在他们的关系中，还有很多其他的力量能把他们拉在一起。

我记得在当时，我表达出了我的顾虑，我觉得这位妻子是在勉强接受一段最终会让她并不满意的关系。我还记得，在我们的咨询关系即将结束的某一天，她对我说道："我知道您可能对我的决定很失望吧，但是等您到了我这个年纪的时候，也许就会明白了，性尽管很重要，但还有其他的事情，包括我们在一起共度的时光的品质，这些更重要。"

这是让我至今记忆非常深刻的一个共情的案例。共情并不意味着每件事情都能得到最佳的解决方案，但是经历了这个过程，我们才不会把这个世界的复杂性进行笼统的泛化处理。

共情并不是要给我们的想法或者感受贴上"好的"或者"坏的"标签，而是将我们感受的各个方面都编织成一个整体，它会随着每一次新的体验和领悟而不断发生改变。只有通过共情，我们才能知道，我们是愿意继续与这个"完整的整体"一起生活，还是决定从头再来。

共情的关键是不要将事情进行泛化处理。通过共情我们想要知道，在某个特定的时刻，某个特定的人或某个特定情境里的具体情况，而不是一个普遍性的状况。共情提醒我们，并没有所谓的"典型的男人"或"典型的女人"。因为每个人都是一个特例，不能将其归纳为某种规律。

有时候，即使我们不是在处理亲密关系，也会发生将事情泛化处理的情况。比如说当我们在承受一定的压力时，或者我们自己感到疲惫，觉得困惑或者不知所措的时候，我们就很容易将所面临的事情或者局面进行泛化处理。

因为把事情都同化考虑能让我们感觉到更容易一些，这样就不用花那么多力气，去了解具体的情况了。我们并没有思考过，当我们在说所有的男人都不值得信任时，究竟在表达什么？我们在表达的是，可以不用去思考和努力解释清楚为什么有些男人是可以信任的，而有些男人却不能信任，如此困难复杂的一个问题。

前几年有一句话非常流行：男人来自火星，女人来自金星。大家都喜欢这句话，因为这样的话，我们就很容易用这种直接的方式把我们这个世界和其中所有的人都进行简单的归纳。我们总是在试图用十几个字或更少的词来总结出男人和女人之间的区别，可能某些现象是一种普遍现象，但并不一定适用于所有的人。

甚至在面对错综复杂的情绪问题时，我们也会用类似于"男人最多的情绪是愤怒，女人最多的情绪是伤心"这样的语句去表达，这是另一种泛化的描述，虽符合一些事实，但用共情的思维去思考，就会发现，这显然不足以描述全部的事实。

虽然通过泛化处理来简化这个世界，有时候确实可能感觉还不错，但如果太过遵从这些刻板思维和行为的话，可能会有害健康。在一些有趣的研究中我们发现，传统的男性化表现，比如善于竞争和强敌意感的男人，相比不那么有攻击性和不爱争论的男人，患严重心脏病的概率更高；而更符合经典的自我牺牲精神的女人也更有可能患心脏病。由此可见，把我们自己归到某种文化刻板类型中，显然会产生一些不利于心脏健康的失调状态。

共情一直在要求我们的，只是找出全部的事实。我们要明白，不够全面的事实只能触及事实的表层。我们天生都渴求一种深层的连接，这样的连接会给予我们亲密感和安全感。在这种深度的连接下，我们会感觉到自己被理解了，我们的整个人都真正地被爱着，包括缺点。

5. 避免生活中的非黑即白现象

当我们把一个问题泛化考虑之后，很容易就会忽略问题的复杂性和独特性，这个时候，我们的内心常常会不自觉地做出非黑即白的判断。

非黑即白的行为就是把世界简化为黑色或者白色，这样就可以把各种复杂到需要运用共情的可能性都排除在外了。

共情有时候会让我们觉得，类似于游走在灰色地带的感觉。共情具有模糊属性，这样的特性决定了共情能够考虑和包容各种人的复杂性。只有在共情的世界里，才有可能包容真实生活的各种复杂多样性。因为共情的视角能够帮助我们觉察到其中的不一致，并进一步让我们思考内在的原因。

为什么我是如此复杂的一个个体，为什么我有时候很善良，但是在转瞬间又很残忍？我为什么要改变，而有时候为什么又不应该改变？共情能够让我们敞开心扉，进而面对各种相互冲突的感受。当我们能够面对各种冲突的时候，就有了进一步理清这些冲突的机会，也就会让情况更加清晰明了了。

当我们能够面对自我的冲突的时候，当我们能真正接受这个事实的时候，我们就能从中发现这个世界包括我们自己和身边的所有人，都不是非黑即白的。当我们放下封闭的角度和观点的时候，我们开始进入与他人之间更流动、更灵活、更具互动性的关系当中。

在共情中的经验越充分，就越能够意识到，把人进行分门别类是错误的。而这样的认知会进一步帮助我们去把每个人都看作是一个独一无二的个体，这样才可能去接受不同的人的观点、冲突，进而产生联结。

在一段关系的相处中，共情会提高我们对彼此差异化的包容度，在一段和谐的关系中，我们必然是在互相扩展各自面对世界的角度，进而形成某种可以容纳不止一种视角的能力。

共情可以帮助我们去真正接受一种两者兼容的态度，这就是一种打破单一视角的能力。举个例子，我们可以这样想一下，也可以这样念出来：我们都是混合型的人，这是我们的本性。我们非常独特，与众不同，但我们也都是平常人。

这样的认知，是为了帮助我们真正合理地了解自我，我们需要去意识到人不可能是全能的，但同样也不会是一无是处的。有了这样的自我认识，我们才有可能更谦卑更共情地完整地看待我们所经历过的人、事、物。

我究竟想成为一个什么样的人？这是一个能深入自我的问题。甚至我们终其一生都在探索自己要成为一个怎样的人，并且为之努力。

共情不会自动给你一个简单的答案，但是共情会一直衷心地回应你。它会一直督促着你去进一步探寻内心深处的答案，去真正看一看心底的渴望。

在我们的生活中，有太多跌倒的故事了。跌倒并不可怕，跌倒后再站起来是我们生活的主旋律。为什么在跌倒的时候，有的人却很难再爬起来了呢？那其实是因为我们没有清晰的想要成为一个怎样的人的内心渴望。

当我们内心充满渴望的时候，显然还有很多事情要去做，我们会更愿意思考下一步应该尝试做什么。如果我们能够用这样更长久的眼光来看待面临的问题，那么着眼点就会在于下一个行动上，我们也更容易从跌倒的地方爬起来。

共情会帮助我们更谦卑地接纳那个不完美却非常真实的自我。当我们真正接纳我们自己的时候，也就学会了如何接纳他人的不完美。当我们能更包容我们本身的冲突和复杂的本性时，同样也就能接纳他人所存在的和我们类似又有所不同的各种复杂的状况。

共情帮助我们不断思考，一步一步更真实地认识自己。自我认知的历程，同时也是建立亲密关系过程中最核心的内容。

在这里我特别想提到的是关于共情的灵活性这一点，这几乎是共情最主要的本性。共情的灵活性让我们能够充分地去考虑改变和转化的可能性。

当我们试着去共情一个处于某种特定情况中的特定的人的时候，我们不仅仅要简单地改变我们的空间视角，甚至需要去改变我们对情形的评判、对事件的记忆、对他人的情绪反应、对他人的特点和目标的基本认知，甚至是对自我的基本认知。所以，共情也被称之为是一个彻底的转变。

6. 觉察到自身的投射

我曾经有个员工叫李莹，在咨询室做前台接待的工作，30 岁，单身，和她父母的关系处于非常紧张的一种压力中，几次都在考虑她是不是需要搬出来独立住，这样的家庭关系也在不知不觉中影响了她的工作。

"你在生我的气吗？"有一天她突然问我。"没有，"我坦诚地说道，"但是你能告诉我，是什么让你觉得我在生气呢？"

"你刚刚走进咨询室的时候，看起来对我很生气的样子。"李莹想了想说道。

"是吗？"我问道。我是真的很有兴趣想要知道是什么让她有这样的感觉，而不是要去挑战或者否认她的感受，我问道："你是注意到了我的什么表现吗？"

"我注意到你进来的时候没有和我打招呼，也没有目光接触。"她皱着眉头想了想，说道。

"我又想了一下，我也不知道为什么，我会觉得你在生我的气。可能跟上次我和你提我与父母的紧张关系有关吧。上次我提到我和我父母吵架，我觉得您是在责备我，而并不是站在我这边的。"李莹想了想说道。

"所以您感觉到被指责了？"我问道。

"我当时被你惹怒了，因为你根本没看到我的处境，"她说道，"我很不开心，我很生气。我觉得可能我现在仍然在生你的气。"

在这次对话中，我发现李莹非常笃定我生她气这件事。而事实上，是她在生我的气。这就是一种投射，我们会不自觉地在他人身上看到我们不希望在自己身上看到的一些想法、情绪和行为。

我的员工是在把她的愤怒投射给我，因为这个情绪对她来说太过强烈，她不知道该如何处理。投射经常是无意识的，所以有些心理学家也会称它为投射性认同，即指投射者在别人的身上看到了某些东西，然后就可以对此进行抱怨，而不用去审视或评估投射者自己了。就像李莹不想承认自己对我的愤怒，就把这种情绪投射给了我，她在我的身上看到了这种愤怒，然后她就可以对此进行抱怨，而不用去评估她自己了。

投射是比较常见的一种心理防御机制，心理防御机制是自我缓解焦虑的一种防卫功能。我们总是试图将自己的一些无意识的想法和冲动归因于他人，借此免除我们自身自责的痛苦，但最终自我仍然充满挫败感。

因为我们在投射的时候，是在试图否认或拒绝自己身上的某些部分，把这些我们认为不对的或者自身不想要的东西，强加在他人的身上。

在理想化的阶段，我们容易把亲密关系中另一方看作是完美的伴侣，是能带领我们走入一个全新领域的最理想的人选，但当我们开始意识到对方不是那么完美的人，或者没有人来解救我们的时候，我们不会愿意承认这是我们自己的问题，会把自己的问题投射到对方的身上，然后责备对方让我们的生活变得如此艰难。

我们一开始会把别人理想化，是因为我们自己想被理想化。当我们把自己的问题投射给别人的时候，是因为那些感受与我们给自己创建出来的理想形象不相符。当自己的理想化形象出现裂痕的时候，我们甚至无法想象那会是多么痛苦的一种感觉，这个时候我们自然会采用各种各样的防御手段，才能够让我们不至于去直面那面破裂的镜子。

不论是将自己或者别人理想化还是使用心理防御机制投射，都是自我试图让自己感觉更轻松一些的方法。但这两种方法都有后患，因为这两种方法都是让我们更远离事实，更远离我们自己，更远离我们在乎的人。

只有通过共情，我们才能学会接纳不完美的他人和不完美的自己；只有通过共情，我们才能确认，镜中的反射只是我们的一部分而不是我们的全部；只有通过共情，我们才能坚持付出精力和努力，把镜中呈现的无论破碎与否的景象变得与事实相符。

7. 我们需要学会真实坦然地评价自己

著名心理学家罗杰斯曾经写过一个"成为人"的过程。他是这么写的：当一个人逐渐感觉到评价的核心在他自己身上，当他越来越不用去在乎他人是否同意，当他不用去他人那里找应该达到的标准，当他不用让他人代替自己做决定或选择的时候，他会意识到选择也在于他自己的内心，他会意识到唯一重要的问题就是"我生活的方式能让我自己深感满意吗？能真正表达我自己了吗"。我觉得对于有创造力的人来说这可能是最重要的问题。

我的好朋友佳琳总是在生活中不断寻找理想男人，她对于理想男人的标准是外表帅气、有思想深度、有清楚的人生目标、永不放弃。因此，为了匹配这样的理想男人，全方位的完美形象也是她自己的终极目标。

佳琳总是在督促自己把任何事都做到完美，为了能够找到她理想中的伴侣，她会尝试最新的节食方法，会把衣柜里填满各种昂贵的衣服，会逼着自己每周跑 30 公里。她总是井井有条，总是达到别人的期望，总是化着精致的妆容。

在和我相处的过程中，她也会把我理想化。但是通过共情的方式，我会想要试着去跟她沟通，我会告诉她我想要认识并理解的是那个真实的佳琳，是那个在漂亮外壳下真正生活着的、希望着但也绝望着的真实的人，而不是她用心构建出来的看上去完美的女人。

我希望在我和佳琳的相处过程中，可以通过共情来帮助佳琳扩展她对自己的认知，扩展她为自己构建出来的那个图像；我希望共情可以帮助她打开对新体验的开放度，从而能够更真实坦然地评价她自己。

每个人在通往亲密关系的道路上，同样也是在不断探寻自我的过程中。"我是谁？我想从生活中得到什么？"通过共情可以学着在自己的内心中去寻找答案，而不是让别人告诉我们，应该是谁或不应该是谁。

需要关注的是我们评价自己的方式，对自己的评价方式能否由一个标准转化到另一个标准，比如过去认为我们的价值在于去不断满足一些我们认为别人想要的，转变为能否找到我们自己的最大价值，这个过程只能通过共情来达到。

但是真实坦然地表达自己并不容易，因为这就意味着我们需要去面对那些自己都恨不得马上想要切除或忽略的部分。在认识到自己的不完美的过程中，我们总是很容易陷入某种两极化的模式，也只有依靠共情才能给我们指出一条道路。

当我们认为自己是能够有所改进的时候，那自然也会承认他人也是可以继续努力的。这个持续不断地认识自己和认识对方的过程，是所有健康关系的特征。在这个过程中，共情会帮助我们认识到我们是谁，我们又是如何与他人产生各种连接的。

理解、接纳和做出改变的过程听上去还不错，做起来却并不容易。我们常常会让自己钻进牛角尖里，无法自拔，这个时候我们没有办法真正做到接纳自己，需要有一个人能够帮助我们认清现状，并引导我们可以把关注点放在能够改变和成长的地方。

我们很难自己意识到自己是多么不愿意聆听别人说话，如果没有一个人认真地告诉我他需要我在他说话的时候集中精力倾听，那么我可能都不会意识到我几乎很少听别人说话，有时候别人即使这样告诉我，我可能也不会听。

我们下意识地会拒绝为自己的行为承担责任，有时候自然会去找一些外因，这个时候只能由另一个人来告诉你："你已经很努力了，但是只要你一直为你的问题责怪别人，那么你的进步就会变得很慢。"当然如果我们自己能够意识到这个问题，真正明白问题的错误可以从自身去改变，那么我们自身也会得到不断的成长。

在一本名为《孤独鸽》的小说中有这样一个故事，故事中有两个年长的牛仔，一个叫考尔，一个叫奥古斯塔斯。他们在一起讨论与对方截然相反的承认错误的方法。考尔说他会尽量避免做错事，因为这样他就不用去担心承认错误的事情。奥古斯塔斯提醒他说，不管你是否承认，我们都会犯错误。

"你这么肯定你是对的？他人跟不跟你说，对你来说并不重要。我很高兴我犯的错误足够多，可以一直在实践。"

"你为什么一直想要做错事呢？"考尔问，"我以为这会是你想要避免的事情。"

"你无法避免的，只能去学习如何处理它，"奥古斯塔斯说，"如果你想一辈子只犯一两次错误的话，这会特别难。我每天都要面对我的错误。"

这两个年长的牛仔之间的对话，值得我们一再去思索，我们人生的过程中所经历的各种错误都是有其价值的，但是我们用什么样的态度去面对，会起到完全不同的作用。如果我们想要改变和成长，那么我们可以从错误中获得其价值。

从直面自己的错误这一步开始，然后采取行动去改变是非常重要的。我们曾经习惯于责怪他人、说谎、不好好倾听别人或者做事总是以自我为中心，如果我们只是意识到这些不完美还不够，我们必须要下定决心去做出相应的改变。

只有这样，这些曾经的错误和不完美才会成为我们行动的根源、成长的动力。只有接受了有待进步这一理念，我们才有可能进入成熟的，能随时调整的，实现自我转变的阶段。

8. 不断去重新评估你的理念

不论我们是否发现，在我们的意识中，关于一段好的关系应该是什么样的，我们是有设想的，且都有一些理念，在心理学上有时把它叫作认知地图。

当我们开始展开一段关系，或者在尝试梳理任何一段亲密关系的时候，我们都会依赖于我们原本设想的理念，当我们的关系发生纠缠和混乱的时候，也同意需要这些理念像地图一样帮助我们指明是哪里偏离了方向。

这些理念通常来看都很简单，常常是由一个通用的假说演变而来。

比如说，有这样的一个理念：相爱的人不应该吵架。这是我们典型的一个概念，当吵架的时候，我们就会变得对这段关系大失所望，而不是就事论事地面对所遇到的矛盾，这样的理念甚至会让我们将简单的问题进一步复杂化。

因为在我们的脑海中有一个预警，一旦我们和相爱的人吵架，我们就会质疑对方是否爱我。这就是我们的理念在不知不觉间对我们所起的作用。

同样，如果在关系中我们的理念是认为男人应该主动追求女人，而男人不会尊重追求他们的女人，那么当一段亲密关系开始的时候，就是充满了误会和偏见的。类似的话还有，"男追女隔座山，女追男隔层纱"，这又是另一种关系的假说。

在传统的观念里，还有类似于父亲的责任是赚钱养家，而母亲的责任是待在家里照顾孩子，这样的观念在 1 ~ 3 岁的新生儿家庭中非常普遍。当一个家庭遇到需要一方牺牲的时候，常常会选择母亲的角色，但这样的理念虽然普遍，却同样会带来各种不同的困难。当一个母亲无法做到为了新生的孩子牺牲自己的事业成为一个全职妈妈的话，那么她将会承受甚至更多的压力和焦虑。

传统的理念不只这些，还有类似于"好的关系都是无条件的爱"，"健康的性生活是婚姻幸福的基础"，"人一辈子总有一次为爱付出全部"，等等。当我们认真思考这些问题的时候，我们就会发现，所有的理念都有这样或者那样的一些问题，因为理念来自对一种情况的归纳和总结，但不论什么样的结论，都会将每个人的多样性给忽略了，从而给我们带来很多的框架和限制。

如果我们能够接受自己的理念还存在另外的可能，那么我们生活的选择会被不断地打开。我们有时候甚至无法察觉到，有一些理念正存在于我们的内心深处并影响着我们，比如"如果你是爱我的，那么你就用伤害自己的方式证明给我看"，或者类似于"爱就是为对方牺牲自己"，这样的理念不会常常出现，却隐秘地指导着我们的行为。但一段关系不论是在情感上还是在身体上让我们受伤害，那就一定不是一段共情式的关系了。因为共情始终认为尊重才是每一段关系的基础。

当我们被自己的各种理念所困住的时候，几乎不会给自己留下任何犯错或者偏差的机会，因为一旦我们的关系和理念发生偏差，我们就会变得无比焦虑。但如果我们可以试着打开这样的界限，试着放下这个理念，也就会构建出一个全新的共情的信念。

不断去重新评估我们的理念，这样不仅可以帮助我们不断打开，在更加扩展的理念框架中自如地游走，也可以帮助我们去构建一个全新的自我尊重的信念。只有不断重新评估捆绑我们的理念，我们才能更坦然地面对自己评估自己，然后去找能真正欣赏我们的人，和他们建立亲密关系。

9. 自满情绪会阻碍真正的共情产生

每当一段亲密关系稳定发展的时候，我们有时就会变得不那么在意对方，甚至会变得自满得意，这是常常会出现的情况。当我们开始自满的时候，就变得不那么积极地进行需要付出努力的共情了。

"我知道你是怎么想的。"曾经有一个 50 多岁的男人在咨询室里说他的妻子，他当时两臂交叉抱在胸前，这个姿势俨然在说："这些事情没什么好说的。"

"你怎么能知道我是怎么想的？"他妻子不服气地回复道，气得脸通红，"你根本什么都不听我说。"

那位先生说："我已经和你在一起生活了整整 25 年了，你是怎么想的我都知道。"

"你一点儿都不了解我，"妻子语调冰冷且失望地说道，"你从来都没有真正了解过我，也永远都不会想要了解我。"

夫妻两人在咨询室里上演了这一幕，丈夫看上去似乎很困惑的样子，他觉得自己似乎被误解了，他说："我只是在说我对你非常了解，这有什么不对吗？"

这种"你是怎么想的我都知道"的观点，对一段关系的破坏有时候远远超过我们的想象，甚至可能是毁灭性的。

不管在心理治疗中还是在现实生活中，我从没碰到过有谁会认为，他的行为的方方面面是可以被预测出来的，或他所有的想法和情绪是可以被预见到的。

一定要记得的一点是，不论我们已经跟一个人在一起生活了多久，我们都无法了解到对方的全部，因为人是一直在改变的，即使是认识了很多年的人也能让我们大吃一惊。

如果愿意去生活中寻找惊喜，我们可以和父母或者朋友一起聊聊他们生活中所经历的"大"事件，比如第一次送孩子去上学，或者怎么应对她们的更年期，怎么去面对他们年迈又多病的父母，也或者是他们进入 40 岁、50 岁、

60 岁甚至 70 岁的各种不同状况。

如果愿意，我们也可以和身边的朋友一起聊一聊一些"小"事，听听朋友抱怨她的丈夫或者他的妻子，听听做父母的人是怎么处理小孩子乱发脾气的问题，或者也有些朋友会和我们分享他遇到一个粗鲁的人的时候，是怎么控制自己的愤怒和沮丧的。在这些聊天中，如果我们乐于倾听，我们会惊奇地发现原来坐在我们对面的人是如此生动而且内心丰富。

生活中充满了挑战和变化，即使是最亲密的朋友也会常常让我们感到吃惊。因为共情总是在鼓励着我们去成长和改变。当能真正了解这一点的时候，我们的自满情绪就不会升起，就会变得更加谦逊，会更乐于去倾听，而不是想当然地以为我们知道对方的所思所想。

10. 最重要的是小心认知混淆

认知混淆也叫作自我的界限不清，在亲密关系中非常容易发生这样的状况，最明显的特征就是自我和对方的边界的混淆。

我们有时候会误以为亲密关系的终极目标是，你和我是"一体"的。但如果真的是这样的话，那我们会不会思考一下，你在哪里结束，我又从哪里开始呢？进而我们是不是会有一种自我被消灭了的恐惧，而这样的恐惧并不是真正的亲密关系。

共情告诉我们，一定要非常小心这种认知的混淆，因为即使在最亲密和相爱的关系中，我们也总是要退回到自我中，获得自我的安全感。

在一段关系中，只有共情才能帮我们真正弄明白，即使你和我在最亲密的时候我们终究还是两个人，我们也必须要保持着我们各自的独立性。

共情可以指导我们在保持各自独立性的前提下，去不断扩展自我的边界，放下自满，不断审视已有的理念，然后打破禁锢自己的观念。通过共情，把自我带到一个可以更舒服的地方，真正做自己。

所以真正的亲密关系并不是放弃自我，比如和对方融为一体，相互混杂的关系，而是不断扩展自我边界的互相包容但又保持各自独立性的关系，在这样的关系中相互依赖性是非常重要的。

类似于我们都在各自空间内舒服地待着，但是我们之间的相互依赖性会让我们相信以后还会再聚在一起，这样的安全感让我们可以容忍并享受分开的时间，在独处时也感觉到舒适和安定。

我有一位像父亲一样的长辈，他在物理距离上离我非常的远，我们甚至一年才能见上一次面，但每当我在生活中遇到无法克服的困难的时候，或者垂头丧气情绪低落的时候，我总是会想到他，我常常觉得他就陪伴在我的身边，给我鼓励，为我加油。

我记得有一次，当时我的公司遇到了一个非常人的挫折，几乎所有的人都离开了，只剩下我一个人面对着空荡荡的办公室，沮丧、不安和委屈蜂拥而至。在我几乎想要放弃的时候，我的耳边回响起他坚定的话语，他告诉我他相信我可以做到，鼓励我要坚持下去。这样的鼓励瞬间给了我巨大的力量，让我从痛苦的情绪中解脱出来，重新审视我所面临的状况。

因为我平时的工作非常忙，所以陪伴孩子的时间其实并不太多，但是他们也常常会告诉我，哪些场合我必须要在。有一次他们参加足球比赛，整场比赛中他们是年龄最小的球员。那天我迟到了，当我匆匆忙忙赶到的时候，球赛已经进入中场休息了，他们兴奋地跑向我，迫不及待地告诉我，我错过了多么精彩的表演，他们是怎样从别人的脚下，夺下球然后飞快地射门的。

　　同时他们告诉我，他们并不知道我迟到了，他们以为他们所有精彩的表现我都看到了，因为在他们的内心中，我从未与他们分离过，他们的妈妈总是在他们需要的任何时候鼓励着他们。

　　我相信这样的共情对于亲子关系的建设是非常重要的，不仅能够给予孩子现在的安全感，而且也只有在这样的安全感下，才能够帮助他们更好地发展他们的独立性，帮助他们构建出完整的自我。

　　即使在将来分别的时刻，曾经共情产生的依赖性也会让他们更勇敢地面对分别，即使分离却并不会失去相互关系的依赖性和稳定性，在以后独自的生活中，即使在最困难的时候，他们也会明白他们依旧是有所依靠的。

　　我理解的共情很重要的一点在于每一段亲密关系中，双方不断融合和分离的过程。甚至有时候我会隐约感觉到在每一段关系中，只有通过对方这面镜子，才有可能真正了解自我，发现自我，觉察到自我的想法、感受和情绪，这个过程并不仅仅是一个互相了解的过程，更是一个实现自我的过程。

　　生活的全部几乎都和各种各样的关系有关，有时候我们甚至会认为，发展出自我的意义也是为了把自我放在与他人的关系之中。共情帮助我们在每一段关系中，不断拓展自我的边界，让我们得以更舒适也更自然地作为一个完整的人进入某一段关系中，这就是我们所需要的不断成长。

　　只有共情能让我们真正相遇。通过共情，识别出他人的情绪，接收到他人的想法和感受，仔细倾听他人说的话，也留意言语间的沉默，学会观察他人的面部表情和身体动作，同时学会安抚自我，学会如何表达自己的感受……

　　这些共情的行为不就是爱的基本元素吗？

共情能给予我们在每一段亲密关系中所需要的洞察力和信息，以此来理解他人的需要，分享他们的悲伤或者喜悦。如果没有共情，亲密关系就只是一个没有意义的简单词汇了。

共情造就了真正的亲密关系。

三　共情产生的过程

　　罗杰斯以后的心理学者又进一步发展了共情的概念，认为共情不仅仅是咨询师的一种特质，同时它也可以发展为一项咨询技术和一种咨询过程，所以在当今的心理学咨询治疗中，共情已经是被普遍运用的一种技术手段了。

　　在心理学的研究中，我们发现共情的过程包括几个阶段，并构成一个循环。这个循环是这样产生的：如果是两个人的关系中，会有一个叙述者进行表达，而另一个人作为倾听者进行感知，倾听者会将感知到的信息进行理解，然后对叙述者进行表达，最后叙述者进行感知。这样 5 个阶段循环往复，一个循环结束了，又一个循环开始了。

1. 第一阶段：叙述者的表达

　　在两个人的关系中，常常出现叙述者和倾听者，偶尔也会交替进行。当叙述者开始表达的时候，可以认为是一个共情过程的开始，叙述者会首先表达出他们所关心的或者他们认为非常重要的内容。

　　如果是一般的聊天，倾听者可能并没有什么目的，甚至常常会打断叙述者，叙述者就没有办法彻底表达出他内心的感受。而作为一个共情的过程，要求倾听者认真地倾听，同时鼓励叙述者尽可能多地进行自我表达。

如果倾听者懂得一些共情的技巧，那么就可以综合地运用鼓励、重述、释义等技巧帮助叙述者表达他们内心的真实感受。

我常常会在咨询的时候重复来访者的话语，或者对于有疑问的情绪进一步提问，让来访者可以进一步地去解释他内心的感受。

作为一个倾听者，不仅要注意叙述者的言语表达，即他说了什么，同时还必须注意叙述者的非言语表达，就是他是怎样来说这件事情的，他的语气是轻松的还是紧张的，甚至有时候需要去观察他的表情和他所说的内容是否出现矛盾。

在叙述者表达的阶段，需要每一个倾听者自我觉察，不要随便打断叙述者的讲话，这是最重要的一点，同样不要对叙述者进行评判，只需要静静地倾听。

如果在这个阶段，倾听者发现他有必须打断叙述者的状况，那么也是倾听者需要自我觉察的时候。

2. 第二阶段：倾听者的感知

在叙述者表达的过程中，倾听者准确地感知到对方在表达的言语和非言语信息的这一过程，被称为倾听者的感知过程。

这个阶段的共情很大程度上取决于倾听者的观察和感受叙述者的能力，以及倾听者从叙述者提供的大量信息中发现关键信息的能力。共情的技术和方法都是一样的，但是倾听者的能力却各不相同，共情能否真正发挥它的作用和倾听者的各项能力密切相关。

在这个阶段中，倾听者最重要的是要消除各种妨碍倾听的障碍。首先我们要尝试做到积极准确地倾听，这就需要避免各种不充分地、选择性地倾听，或者注意力不集中的现象，以免错过了任何重要的信息。

同时，倾听者在这个阶段，要有足够的自我觉察能力，不要让自己的偏见、信仰或者个人的价值观、期望等影响我们对叙述者的信息的感知。

在这个阶段需要倾听者能够感知或认识来访者的感受或体验，但并不是说需要完全去认同或者亲身体验一次叙述者的感受，这一点非常重要。我们在生活中常常有这样的经验，当我们的好朋友告诉我们他的悲伤时，我们常常会感同身受，无法避免地一同感受这种悲伤，就好像一同迷失在悲伤的体验中，而无法给予他一些真实的帮助。

有些人甚至因此不愿意更多倾听朋友的叙述，他们以为他们的共情能力很强，但其实是他们自己搞错了。我们不能把共情和同情、认同等混淆起来。如果倾听者是同情而不是共情叙述者，那么就只能单纯感受或体验到叙述者的痛苦。

如果倾听者出于对叙述者的怜悯，那么自然会希望叙述者能够快点好起来。因为只有叙述者的感觉好起来了，倾听者才能好起来。

而如果倾听者认同叙述者的话，那么他就会根据自己在类似或相同的情景下的反应来推测叙述者的反应，以至于无法真正了解叙述者表达的内容以及真正的感受。这些情况都会让倾听者失去个人的界限和客观性，这些都不是共情地倾听。

3. 第三阶段：倾听者的理解

在这个阶段中，需要倾听者通过了解叙述者的个人背景，去处理接收到的各类信息。包括需要去了解叙述者的成长经历、家庭环境以及文化背景等方面，因为每个人所经历的不同的背景，造就了在面对不同问题时候的不同的经验、感受和思想。

只有对叙述者的情感、想法和行为具有一定的理解，倾听者才能试图站在叙述者的角度去共情地理解叙述者所表达的内容。同时倾听者也会在自己已有的认知体系中去理解叙述者所表达的内容，进而找到与叙述者所表达的不同的角度，这个不同的角度则完全需要倾听者自身的认知水平和共情能力。

一位受过专业训练的心理咨询师需要根据他自身的不同理论取向来进行理解。认知行为的咨询师会寻找认知曲解、负性自动想法以及强化、惩罚等因素对叙述者进行影响；来访者中心的咨询师则会从价值条件、自我观念的扭曲等方面来解释是什么导致了叙述者出现现在的问题；精神动力学的咨询师会从移情、阻抗、防御机制以及客体关系等角度来理解叙述者。不论是什么流派的咨询师，这个过程的完成，都需要其对来访者有一个全面的了解。

而对于任何一个擅长共情的人来说，用共情的方式去理解叙述者，就会发现他究竟是在哪个观念上把自己禁锢住了，也会理解到他在告诉我们他真正的需要是什么，他最大的困难是什么。

4. 第四阶段：倾听者的表达

倾听者需要以一种真诚和温暖的方式对叙述者表达对他的理解，虽然每个人的经历不同，对事物的认知成分也各不相同，但在情感上是可以共鸣的，倾听者是可以感知到叙述者的情感状态的，共情性的表达也是相同的，真诚是彼此情感之间的桥梁。

我们可能没有办法真正对于叙述者表达的内容进行解释。所以，我们需要知道，对叙述者的理解和对他的表达给予解释并不是同一件事情。对叙述者表达理解是指倾听者表示能够理解和接收到叙述者此时此刻的情感、行为和想法，从而表示理解的状态。而给予解释是指告诉叙述者为什么他会有这样的情感、行为和想法。所以在这个阶段中，倾听者的表达可以不必包括解释，但必须有共情性的理解。

另外我们需要搞明白的是，表示同情、给予建议都不是共情。如果我们仅仅说"我可以感受到你的痛苦，我的心里也很难受"，那么这就是在表达同情，而不是共情。如果我们建议说"我觉得也许你可以去做做运动，这样来减轻痛苦"，那么这就是建议，更不是共情了。如果我们想要一段共情式的沟通，就需要了解其中的不同之处。

当我们开始学习共情的时候，第一个会发现的是设身处地地去思考是非常困难的，我们总是假设自己可以站在对方的角度上，但因为我们自身所具有的各种特性，这样的设身处地也只是站在我们的角度上认为的而已。

我曾经有过这样的一个感受，我的一位来访者告诉我，她 30 多年没有去过一次商场，没有单独出过一次门，我当时自认为站在她的角度上设想了许多种可能性，她也从没告诉过我，我说的这些可能性是否正确。

一直到我自己因为生孩子的关系在家待了一年多没有出门，当我第一次出门的时候，我才真正能够体会到那种从来没有过的恐慌，我发现所有我熟悉的场景都已经不在了，城市飞速地发展着，让我感受到如此陌生。只有这一刻，我才真正意识到，我只能假装自己设身处地地站在对方的角度思考，而很难真正站在对方的角度思考。

尽管如此，共情的提倡者罗杰斯反复提醒我们，大多数人都用被称为"外部参照系统"的方式在理解别人。"外部参照系统"是指我们只是作为一个外部观察者的角色，用着自己的价值观来理解对方，如果这样的话，那么我们的表达就不是共情的。

比如说，有个朋友对我说："昨天真是糟糕透顶的一天，我感到一阵阵地心慌，而且还心神不宁了一整天，但是我都不知道我自己究竟在担心些什么。"如果我回答说："到底发生了什么事情呢？"那么我可能就是在使用外部参照系统，而并没有真正共情他。

罗杰斯认为在我们学习共情的时候，需要学会使用"内部参照系统"，也就是说需要从叙述者的角度来理解他。如果是从"内部参照系统"的角度来理解，我就会对他说："你感到很焦虑不安，可能是因为你不知道自己到底在担心什么，所以才让你感到焦虑吧。"只有从"内部参照系统"的角度出发的理解，才是真正的共情。

同样，在倾听者表达的环节，除了语言表达之外，非语言的表达也是非常重要的。当我们在表达对叙述者理解的时候，我们需要注意自己的各种非语言表达，比如我们的表情、说话的语调、动作姿势等，这些都是为了传递我们对叙述者的关心和理解。

5. 第五阶段：叙述者的感知

在整个共情的循环中，只有当叙述者能够准确地接收或感知到倾听者所表达的信息时，才能构成一个完整的共情过程。

所以当我们在共情表达的时候，为了让对方能够更好地感知到我们的共情，我们需要时时注意对方的反应。同样我们需要尽量减少给予一些解释性的话语，因为过早地解释往往会让对方产生防御或者退缩心理。

　　当对方能够准确地接受我们表达的共情性理解和关心的时候，他们就会感到深深地被理解和被关心。而这种被理解、被关心的感受就会极大地促进我们之间的关系，会帮助他进行更深入的自我探索，促进他的改变和个人成长。这个过程被称为叙述者的感知过程。

　　一个共情循环的结束，意味着下一个循环的开始。在一段共情关系中会经过许许多多这样的循环，我们才能真正地理解对方，或者帮助对方了解自己，从而产生一些适应性的改变，来促进个人的成长。

四　表达共情的 8 个关键步骤

在共情的过程中，我们可以看到倾听者的共情表达是非常重要的，直接影响着叙述者能否感知到共情。所以我们需要学习怎么样用更能够直击他人内心的言语来表达我们的想法和感受。表达共情需要我们在自我觉察、细心反思以及大量的实践之后，将我们的洞察表达给对方。

表达共情有 7 个关键性的步骤：①使用开放式问题；②放缓节奏；③不要匆忙做出评判；④关注你的身体感受；⑤向过去学习；⑥让故事充分展开；⑦设定边界。

1. 学会使用开放式的问题提问

我们在说话的时候，常常不自觉地用一些防御性的回复而并不自知。我的来访者曾经问过我一个问题，她说："您看上去总是那么完美。"当时，我可以选择一个防御性的回答，比如说："我们在讨论你的事情，不需要把我扯进来。"或者也可以用一个封闭式的回复："你是说你觉得我表现得像是一个完美的人吗？"

如果我们仔细分析这两个回答，我们会发现如果我用了防御性的回答，其实是把问题又一次抛给了对方，这里面其实隐含着自身的攻击性，类似于某种她需要接受我对她的想法和感受的解读。而如果我选择了一个封闭式的回答，那其实是已经有答案的一个回答，那么这就好像是一种权力的游戏，对方就会去琢磨到底要不要反驳这个问题里面自带的某个答案。

对方只有两种选择：一种是顺从性的答复，"是的，你是对的"；还有一种是战斗性的答复，"你错了，我并不这么认为"。或者是拒绝继续沟通。对于封闭性的问题，不管是哪种回答，结果都是一个人赢，而另一个人输的局面。当然，如果我们用共情标准来看的话，那么沟通的两个人其实都输了，因为沟通就此搁浅了，相互间的理解也不会再有新的进展。

我喜欢用各种开放式的问题，比如我常常会说："我们来探讨一下这个星期发生了什么。"这是一个开放性的问题，这个问题就没有任何预设的答案，什么样的答案都有可能。这样我才能真正地了解更多的信息。

问一个开放式的问题是在表达共情，因为这样能传达出对每个人独有的尊重。在我们问出一个开放式的问题的时候，我们是真的想从他那里了解到事实，并进行沟通，而且我们是真心地对他的看法感兴趣。

这就相当于我们先交出控制权，允许他人把我们引领到他想要或者希望我们去的任何地方，而不是在努力把谈话带到某一个指定的方向上。当我们能够把偏见和预判都放在一边的时候，也是我们自己可以尝试敞开大门迎接新的体验的时候，开放式问题它能够帮助我们看到无限的可能性。

2. 学会放缓节奏，表达共情

共情总是会让我们努力把节奏放缓，让我们的情绪可以在深思熟虑后，有所缓和。因为炽烈的情绪是无法让我们表达出共情的。比如在一场交锋激烈的谈话中，常常有这样的感受，情绪激动时，我们会口不择言，甚至不知道自己说了些什么，更多的只能是满足情绪的宣泄。

所以即使在情绪激烈的时候，也要学会放缓节奏，这样可以避免思维被情绪所挟持。我们常常会说那个人让我很生气，因为他做了什么，但是如果这个时候我们可以稍微被打断一下，在生气之前反思一下，我们就会发现，我们的愤怒没有那么强烈了。

当情绪爆发的时候，先花点时间来思考、回想一下事情是怎么发生的，这是很有帮助的。找回理智，就像在情绪的狂风暴雨中，加入一些冷静和镇定。

有意识地努力放慢节奏，其实就是为了让共情表达出来，正如心理学研究者所发现的那样，共情在过热或者过冷的环境里都是无法生存的。

这就像植物需要光照和阴凉的均衡一样，共情在极端的条件下也会枯萎。极端的条件诸如恐惧或者愤怒，这样的负面情绪对我们身体的新陈代谢的需求很高，会造成一种强烈的生理唤醒的状态。什么是生理唤醒的状态呢？心理学家研究发现，"一般情况下，在生理唤醒水平很高的情况下，会伴随有感知焦点的收窄"，简单理解就是当我们只能看见自己的愤怒和恐惧的时候，其他细微的情绪就会被无视。我们其实就是因为情绪而"失明"了，变得只关注于战斗还是逃跑以应对这个局面。

只有当情绪由剧烈沸腾降为文火慢炖时，共情才有可能开始扩展开来。我们才能看到画面的全局，而不只是局限在某一个焦点上。

当我们对自己的共情逐步发展起来的时候，我们就能学会在没有外界帮助的时候如何放缓节奏。当我们学会了放缓节奏，我们就会发现，帮助他人把节奏放慢下来，对情绪进行远观，是我们可以对他人表达共情的一个非常有用的方法。

当共情在情绪激烈的时刻能够起到降温和安抚的效果时，我们就能够重获平衡，对我们的想法和感受产生更准确的理解。

3. 承认变化，不要匆忙做出评判

在我刚刚学习做咨询的时候，我记得有一个晚上，我的老师将我和另一个成绩较好的同学一同带到他的办公室，他给我们讲述了一个案例的一部分内容，问我们接下来会怎么应对。我当时觉得我得到的信息有点少，所以犹豫不决，不知道怎么下判断。另一个成绩较好的同学很快反应过来，就说道："我判断他可能是因为长期缺乏安全感而导致的愤怒，我认为……"

那位成绩较好的同学是一位男生，我只记得当时我听他分析得头头是道，心里甚是佩服，但是接下来老师的话却完全出乎我们的意料。

他首先问我为什么无法做出判断，我小心翼翼地说道："因为我并不知道他当时具体发生了什么事情，我没有直接和他交流过，我不知道他自己是怎么思考这些的，我觉得我得到的信息太少了，我无法做出判断。"

然后老师非常赞赏地看了我一眼，对另一个同学说道："我猜测如果你面对这位来访者的话，你可能会直接给他的情绪做个两三句话的概括，然后用剩下的时间来讨论那些关于他的想法和感受的理论依据吧。"

"对于你们学习的所有的理论知识，你们必须知道这没什么了不起的，你知道，我也知道。"老师继续说道，"不要着急就去下判断，给别人贴上标签，然后迅速把他看作某一类人。即使这个人你认为已经足够了解了，也不要认为他的行为就一定是一成不变的。"

我一直记得那个晚上，老师给我们的忠告，在很多年之后我终于明白了那些快速下决定，匆忙做判断，或者以过去的经验给某些行为做总结分类并贴上标签，这些都不是共情。

用一成不变的眼光来看待我们身边的人，有时候对他们来说，甚至是一种巨大的伤害。因为在我们的意识中，我们早就已经剥夺了他们对每件事情可能产生的不同的反应。我们对他们的思想和行为做出了预设，并且设置了这种行为背后看上去非常合理的机制。但是我们并不知道，在这种不自知的情况下，我们剥夺了一个人最鲜活的部分。

我有个朋友的孩子，因为非常调皮，所以学校的老师都不喜欢他，而且因为他的成绩也总是班级中的倒数，所以学校的老师直接给他贴上了差生的标签。但我非常喜欢这个小男孩，我也让我的两个儿子和他一起玩，有一次在公园里野餐，他问了我一个问题："你说我以后会好吗？所有人都说我没有出息，还不如死了算了。"

这个问题立刻就引起了我的关注，我问他："你是怎么想的呢？"

"每天我都在被骂，不论我做什么都是错的。"小男孩看着我，似乎鼓起了勇气说道，"我觉得我只是贪玩了一点。"

"你和他们有点不一样，"小男孩继续说道，"你不会像别的大人那样，不停地说要我好好学习，然后一刻不停地说，我都觉得太烦了。"

"大人的世界有时候真的很无聊。"小男孩说道，"他们的眼睛里看不到美好的东西，就只知道学习，我都看到这朵花是黄的，那朵花是红的了，但是非要我去书本上学这些。"小男孩一边指着花朵给我看，一边说道。

但他的话却让我想到了曾经我们每个人心里都有的那个小王子，总是那么直接而美好。以前约翰·列侬说过一句话，大意是五岁时，人生的关键在于快乐。上学后，人们问他长大了要做什么，他写下"快乐"。于是人们说他理解错了题目，他说人们理解错了人生。

"你能告诉我，我以后的每一天也会那么糟糕吗？"他很认真地看着我。

我把他拉了过来，让他坐在我的腿上，温柔地说道："你看是不是一朵云飘过了？"

"嗯。"他顺着我的手指看过去，轻声回应。

我指着一朵盛开着的红色花朵，说道："你看，这朵小花过几天是不是就会枯萎了？"

"嗯，但是明年也许还会有一朵新的小花。"小男孩想了想说道。

"你是不是也在慢慢长大？"我继续问道。

他对这个话题有点抗拒，似乎一知半解地说道："嗯，我现在已经10岁了，我已经读3年级了。他们说我这辈子就只有这样了，都完蛋了。"

"你相信我说的话吗？"我问他。

"嗯。"他想了想，重重地点了点头。

"那么，我告诉你哦，你一定会改变的，你看所有的事物都会改变，我们每个人每时每刻都有一种魔力，就是我们可以改变。只是大人们有时候太粗心了，所以发现不了。"我鼓励他道。

"我想变成一个好学生也可以吗？"小男孩不可思议地看着我。

"当然可以，不过所有的改变可能都需要付出一些代价。"我故作认真地想了想，说道，"比如你要拿出一些玩的时间来交换当个好学生，你愿不愿意呢？"

"嗯嗯。"小男孩急切地点头道，"我愿意的。"

"那这就是我们的一个秘密，"我对小男孩说道，"大人们常常搞不清状况，在我们完全变成好学生之前，我们先不告诉他们，好吗？"

"嗯嗯。"小男孩高兴地去和小朋友们一起踢球了，剩下我一个人坐在那里想着大人的事情。我们太习惯这个平常的生活了，习惯到用我们一贯的思想去面对这个世界，快速地下决定，用我们的经验做判断，甚至很少去思考，连事物本身的变化性也视而不见。

我们在共情的表达中，开始逐渐避免使用类似"你要自我成长，要克服困难"这样的论调，或者是"这是因为你缺乏安全感""您被吓到了"或者"您嫉妒了"这类贬义的评价，但是这些话的改良版，类似"你通过愤怒和他们保持距离""你对我愤怒是因为你觉得受到了我的威胁"，也并不真正属于共情。

因为这类评价同样是在给我们的行为贴上标签，而不是为行为提供一个更深层的理解方式。怎么区别这两者的不同呢？简单来说，如果我们更倾向于认为某种行为是一成不变的，那么这样的观点就更接近于给某种行为贴上标签，而共情的理解是把每个想法和感受都关联到特定的某个事件上，不会根据以往的经验简单地给予一个评价，共情给予了各种充分的可能性。

在咨询之中，我喜欢把来访者的注意力集中在某个引发他情绪的特定事件上，通过回溯他反应的根源来了解情况，并给予他一个扩展自我觉察的机会。

有些来访者喜欢说些厌恶自己的丧气话，例如"我很蠢""我没有竞争力"或者"我永远都做不好这件事"，等等，我能够理解，这是因为当我们感到挫败的时候，往往看不到事件的特殊性，而更容易去认定事件具有普遍性，进而导致对自己做出不宽容或很苛刻的评判。

所以学会共情，从不要轻易做出评判开始，相信我们自身的每个行为，确实具有可以改变的特质，即使发生再糟糕的事情，都有其发生的特殊性，而不要一概而论。

4. 回到此时此刻，摆脱情绪记忆

在我做咨询的经验中，我是非常认可"此时此地"的治疗技术，其实这也是共情力量的一种表现。回到此时此刻，只关注来访者当下时刻的体验，这样的共情能够避免我们行为的一种倾向性。我们总是习惯于根据过去的某些经验，来给行为做一些总结或分类，这并不符合共情。

不管我对我周围人的过去了解多少，我都无法确定在当下这个时刻，他的想法和感受。我们所有人都一样，都是在不断改变、不断进步的人，所以我们需要通过共情的表达，来尊重每个人都会发生转变的这种天性。

我有个朋友告诉我，她完全没有办法接受她先生偶尔的醉酒，那天她来见我，整个人非常紧张甚至充满恐惧，看上去疲惫不堪，缺乏活力。

"嗨，你怎么了？"我一边递给了她一杯热水，一边问道。

"昨天我先生和我弟弟一起喝酒，然后他喝醉了。"她想了想，停下来没有再说下去。

大概停顿了一到两分钟之后，她接着说道："其实这不是什么大不了的事情，但是那个时候我觉得真的是太恐惧了，我觉得我完全无法面对这样的情况，让自己冷静下来。"

接着她大概告诉我到底发生了什么事，她从小和她外婆外公一起生活，她的外公什么都好，也很疼爱她，但是每次喝醉酒的时候，就会像变了一个人一样，她的外婆也只能唉声叹气，整个家里充满了愁云。

"我就记得那个时候我很小，我们去吃一顿喜酒，谁结婚我也不记得了，"她想了想说道，"我外公又喝醉了，醉了就摔倒在路边，我和外婆拖都拖不动他，真的不知道该怎么办。"

"昨天我老公喝醉的时候，我突然发现我一遍遍在说把他扔到垃圾桶里去。"她想了想说道，"后来我才反应过来，这句话是那次我外婆和我拖我外公回去的路上，我外婆一直在说的话，把他扔到垃圾桶去。"

"所以我是不是真的太小题大做了？"她问我道，"有时候我甚至都不能分辨我对于现在事情的判断到底是出于我眼下的事情，还是过去的情绪。"

每个人的日常生活都和自己的情绪记忆密切相关，这是我们生活经历中最重要的内容之一，我们都有这样的一种经验，对于当时引起剧烈情绪的事件总是记忆得更加深刻。或者有时候会发现越是想忘记的内容却越是忘不掉，这是因为我们的注意力会集中于情绪诱发事件，这样与情绪有关的信息将记忆得更好。

因为记忆和情绪有这样的特点，所以我们很容易在无意识的情况下将过去的情绪记忆与现在所处的情绪场景所重叠。一旦发现与当前所经历中的情感相似的记忆，我们就会自动进入类似的情节，并以之前的经历去预测即将发生的状况。由于记忆会让我们关注可能对我们最为有利的信息，所以头脑可能就会着重突出某些情境而忽略其他的状况。

情绪记忆就好像是戴着一副我们没有觉察到的眼镜一样，我们的观念可以加深对事物的理解，使事物棱角分明。但是不符合当前状况的观念则会误导我们，让我们对事物的理解产生偏差。

当我们无法分辨我们的情绪究竟是因为当下发生的状况还是因为情绪记忆的影响时，就好像大部分情况下，我们都不知道自己戴着的眼镜会改变我们对周围世界的理解，我们很有可能会对当前的事件产生过度的情绪反应。

古希腊哲学家赫拉克利特曾说过，你不可能两次踏进同一条河流。他的这句话从某种程度上来说，也是在表达共情的观点，因为今天的你和昨天的你必然已经有所不同了。共情的一个特点就是我们需要真实地面对此时此刻，既不是生活在过去的记忆之中，也不是生活在未来的幻想之中。

我们能对他人造成的最大伤害之一就是认为他们的个性是固定不变的。当我们跟另一个人说你总是这种反应的时候，其实是把他放在了过去，而忽略了此时此地的特殊性。如果每件事的发生，我们都用过去的规律来看的话，不仅否认了发生改变的可能性，同时也在阻碍其个人的转变发生。

如果我们开始学会共情地生活，共情也时时会提醒我们，真正的生活是流动的，一直都在适应环境，当环境发生改变时，我们就会发生相应的改变。而生活中出现的无数的障碍，很多时候是因为我们失去了这种灵活的适应性。

如果我们自己认定，我们的存在方式是一成不变的，我们的个性是像石头一样固定的，那么我们和所有关系之间的互动方式，都变成了可以预测的，原有模式不断重复。

如果理念驾驭了行为，我们与外界的关系用经验概括为一成不变的标签，而我们的预判左右了整个事件的发展，那么这么受限的一个世界怎么还有可能去拓宽我们的视角，如何去扩展我们的视野呢？这和我们所处的那个强有力的世界实在是大相径庭啊。

5. 关注你自己共情的身体感受

共情并不仅仅通过语言表达，同时也含有明确的躯体成分。举个例子，当有个人提高了嗓门告诉我他想揍我的时候，他眯着眼睛，面部因为暴怒而充血，看起来就像要朝我扑过来一样。这个时候，我能感觉到自己的心跳加速。那个人和我有一段时间相处的经验，我非常了解他并不会真正伤害到我，所以恐惧并没有让我惊慌失措，这个时候仔细关注我的感受，我发现我确实能感觉到他的愤怒。

心理学的研究告诉我们，我能感受到对方的愤怒是因为我的自主神经系统开始呈现出他的神经系统的反应。研究人员把这种现象叫作生理同步，这进一步说明了我们的情绪和身体之间是紧密关联、相互依存的。

事实上，现在有的心理学研究者把共情定义为是一种易于激发别人产生类似反应的自主神经系统状态。也就是说我们的神经系统之间是能够相互对话的。例如一个母亲和她的孩子一起玩耍的时候，他们的心跳会同步。

现在的人非常焦虑，时时刻刻被时间催促着，必须在多少时间内完成什么样的工作，现代社会的压力导致了许多心理亚健康状态。我会建议他们去大自然的环境中，因为共情可以让我们的生命节奏趋于相近。

大自然中动物的生活、植物的生长，都不是按照时钟的节奏进行的。我们在自然中看到的牛羊，它们的行动速度和 1000 年以前并没有什么差别，如果我们能够把生活的脚步放慢到与牛羊同行的速度，那么对于城市人的焦虑自然会产生治疗的效果。

在生物学法则中，我们惊奇地发现了这个有趣的现象，"生物的生活周期变化"指的是当生物体聚集在一起时，它们很快就能配合彼此节奏的生物学法则。如果我们善于和大自然共情，那么在自然中，我们就会放慢脚步，感受到自然的节奏。如果我们专注于水流的速度，我们的呼吸频率也会跟着改变，我们的感觉器官会开启，我们会闻到花草树木的味道，也会听到流水飞溅的声音，我们可能一边数着星星一边聊着天，没有比这更轻松的时刻。

非常有趣的是，在我们的身体中，有两个系统是不需要我们意识层面的控制，就基本上可以自主运行的。这两个相互分开但又相互关联的系统控制着我们身体的反应，它们是交感神经系统和副交感神经系统。

交感神经系统能提升能量，启动身体进入应激状态，提升血糖水平，提高心率和血压；而在我们比较放松、积蓄身体能量的时候则由副交感神经系统来主导。

在英文中有同情心（sympathy）这个词，被用来描述交感神经系统的功能，确实，同情是对他人情绪状态的一种无意识反应。而共情则需要对他人的想法和感受进行更加复杂的整合，我们身体中的中枢神经系统和交感神经系统之间的相互作用则可以被叫作共情神经系统。

所以共情的表达并不仅仅局限于语言，而是通过共情神经系统之间的持续沟通，产生不同表达方式的共情，传递我们的想法和感受。共情是一种整合情绪和身体的反应，我们的情绪、想法和感受会通过共情神经系统的反应相互作用。

在学习共情的过程中，我们会逐步体验到生理同步的本质，我们可以通过自己的感官来获得他人情绪的重要信息。身体反应可以让我们知道他人的情绪状态，同时也会勾起我们自己对于情绪体验的记忆。

我们的身体自然可以接收到他人身体的信息，我们都有一个内嵌的系统，它能自动采集他人的躯体反应信息，提供关于他人想法和感受的重要线索。

表情模仿就是生理同步的一个经典例子，假如你正在跟一个伤心哭泣的朋友聊天，在你自己的意识都觉察不到的情况下，你的面部就开始自动地模仿你朋友的表情。然后更加神奇的事情就会发生——你能感觉到你朋友正在感觉到的情绪。仅仅通过把你的面部肌肉放在特定的位置上，你就能知道他人躯体和情绪上的感受。

生理同步也是共情的非语言表达中非常重要的一点，我在使用的时候也会非常谨慎。因为我知道一个严厉的神情或者一个不耐烦的手势，对于一个感觉很不确定或者很脆弱的人来说，会产生灾难性的影响。

在咨询中或者是在一些特殊的关系之间，我会特别注意我的面部表情、语调的变化、手势甚至坐的姿势，因为我知道，这些躯体反应都有可能会激发出别人强烈的情绪反应。同样，如果有需要的话，我也会仔细地监控我自己的躯体反应，来感受他人情绪状态的一些线索。

都说小孩子并不是通过言语来感受母亲的情绪，而是通过生理同步的方式来感受父母的焦虑情绪，如果父母本身非常焦虑，那么不需要特别对小孩子说什么，他们自然会接收到相应的情绪状态。所以，不论是在专业的治疗中，还是在普通的生活中，了解一些情绪是如何影响到身体，以及特定的躯体反应是如何反过来改变我们的感受的，都是非常重要和有帮助的。

微笑是我们表达共情最有力的方式之一，因为当微笑的时候，他人也会不可抗拒地想要微笑。当我们的面部肌肉移动到微笑的位置时，躯体也会发生相应的变化。即使你正感觉到伤心或焦虑的时候，脸上如果呈现微笑的表情也会让你感觉到好受一些。

我们通过微笑来启动情绪的转变，如果我们观察妈妈和孩子之间相互微笑的场景，就会看到快乐的感觉在他们之间是如何弥漫开来的，我们也会理解到身体影响情绪的力量，以及情绪同时也能够改变身体感觉的力量。

6. 弄清楚原因，让转变发生

共情让我们把注意力集中于当下，常常能够在当下的连接和亲密关系中给予我们各种指引。

但如果我们愿意，共情也可以帮助我们关注我们的过去，因为我们需要去知道并理解在过去究竟发生了什么。

当我们通过共情能够真正明白我们的旧有模式、评判、理论和理想化观念是如何影响着我们当下所发生的事情的时候，转变也就自然而然地发生了。对于许多人来说，理解他的过往，对于帮助他找出现有问题的来源是至关重要的。

当我们开始意识到，我们的过往经历正在影响着我们现在的行为时，我们就能更好地掌控自己的情绪了。

我的同学告诉过我一个他在公司发表演讲时的故事，当时他非常紧张，不停地清嗓子。在整个演讲过程进行到一半的时候，他们公司的总裁站起来离开了房间。当时他吓坏了，他想当然地认为是老板对他的表现不满意。他开始觉得生气，心跳加速，很快就满头大汗。但是，只过了一小会儿，他老板就走到讲台上，给他递了一杯水。"这里真是够热的。"他老板说着，拍了拍他的后背。事后他告诉我，当他站在台上的时候，他的脑海中不断出现他父亲的形象，他的父亲是一位公司的高级管理者，平日里非常严肃，不容许他出现一点儿的差错。

只有当我们学会了把过去和现在分开来看，才可能客观地看待事情。我们强烈的情绪不一定跟现在发生着的事情相关，却总是源于过去没有来得及处理的冲突，或者艰难的生活环境。

比如，有一次，我朋友去医院看病，她发现接待台的护士非常粗鲁，对她爱搭不理，很不友善。我朋友一下子就受不了了，立刻就对这位护士产生了强烈的情绪反应，愤怒已充满了胸腔。

如果这时她愿意先花点时间来检测一下她的情绪反应，她可能就会意识到，这位护士让她想起了她冰冷苛刻的母亲。那位护士不仅长得像她母亲，连声音、手势和表情都很像。如果她愿意采用共情来扩展她的视角，她就能意识到护士的行为，和她并没有任何的关系。如果能够了解到这一点，那么她自然就能放下对护士的愤怒和敌意了。

共情让我们能够收集事实并产生更深入的理解，然后获得所需要的客观性，进而做一个合适的、经过思考的回应，共情就是这样帮助我们的情绪经历一个彻底的转变的。

我们都有非常复杂而纠结的过去，也都会把它带进我们现在的生活中。如果没有弄清楚事情真正的原因，那么就很容易将我们的情绪混杂，以为某人需要为我们的情绪反应负责任。

所以弄清楚真正的原因意味着不仅需要尊重他人的过去，也同样需要尊重自己的过去。我们要知道在过去尚未解决的任何冲突，都会被带到当下的关系中。了解自己并发展对过去冲突的觉察，是培养共情能力的必经之路。

7. 让故事充分展开，保持耐心

每个人都有他特有的故事可讲，每个故事也都以它自己的速度发展。共情，让我们能够精准地判断出他人需要走得多快或者走得多慢。共情会把我们的关系带上一段旅程，有时路途艰难，让人疲惫不堪。因为共情从来就不是一蹴而就的，在有些地方，我们甚至不得不停下来，休息一下，找准方位，确认路标，再重新出发。共情的过程常常并不能被我们掌控，所以我们更需要足够的耐心，让每个人的故事都充分展开，一直到那个改变的关键点出现。

我有一位来访者是情绪容易激动的类型，他的父亲从小就鼓励他，可以通过愤怒来征服他人。他的咨询展开得并不是很顺利，他有比较严重的愤怒表现以及暴力和攻击的倾向，之前也有医生建议他先进行药物治疗之后，再进行辅助性的心理咨询。

愤怒总被误认为是男性最常见的攻击性驱动力，甚至有相应的理论表示男性天生是有暴力和施虐倾向的，需要被教导该如何去控制这些自发的冲动。但是我更愿意相信，通过共情也许可以帮助到他，因为共情会将我们带到更深层的情绪所在的地方，相信我们共情的关系能将我们带到安全之地。

共情会教我们如何看到事情的全貌，告诉我们何时前进、何时后退，何时要逃去躲藏，何时又可以相信自己强大到足以应对各种局面。

当我们陪另一个人走上共情的旅程时，共情会提醒我们这是那个人的旅程，我们出现在那里只是为了陪伴和帮助他。

我们的作用不是引领而是跟随，不是主导而是参与，不是为了总结性发言而是为了让沟通能持续流淌。我们表达共情的方式就是让自己完全参与到故事当中，尽自己所能去帮忙，我们只是这段经历的一部分。

这样的共情会让我们在关系中更谦逊，并且充满耐心，我们会懂得尊重每一段故事的展开，也会更好地看到失去的全部。

研究男性愤怒的心理学家们发现，父母跟儿子会经常使用"愤怒"这个词语，但是跟女儿就很少会用到。父母会鼓励女儿用外交技巧和圆滑老练来修补关系中的问题，但当儿子卷入争端时却经常提倡他们进行报复。

甚至有研究表明，很多男人都很难表达或体验到愤怒之外的情绪。因为他们从小就被鼓励用愤怒来表达所有的情绪。对许多人来说，愤怒是唯一一种他们知道如何掌控的情绪。

试想一下，如果我们可以看到愤怒的全貌，那么我们就会发现其实愤怒通常是其他情绪的外衣——失望、受伤、沮丧、怨恨、缺陷或者无助。愤怒是感知到脆弱和无力的表现。

我们可以试想一下，我们可能会在某个特定的情境里感觉到很无力，但是总有一些可以利用的资源。在这个世界上，我们真正无可反抗的时候是极少的。如果我们相信了自己没有能力，或者觉得被低估了，或者没有被赏识，我们的反应就会是沮丧，甚至觉得屈辱。这些情绪会产生愤怒、攻击、暴力。从我非常个人的经验来看，愤怒和几乎所有的敌意行为的驱动力都是因为个体感觉到了没有被理解。

如果一个男孩在他成长的过程中得到了足够的关爱，那么他也更可能会去关爱他人；如果他能感觉到自己与父母的连接，那么他就更能感觉到自己与其他人的连接；如果他能感觉到他的父母是理解他的、共情他的，那么他也会具有同样的能力对待他人……

所以当一个男孩能够真正共情他人的时候，他就不会只是在意他个人的羞怯，也就不太可能会去羞辱他人，对他人实施暴力。所以如果当男孩们在成长中能够被共情地对待和教导的话，他们是可以学会如何带着共情去回应别人的，这个时候他们强烈的愤怒也就消失了。

同样，可以通过共情学会如何将节奏慢下来，用自己的想法来控制情绪。当我们觉得气愤、沮丧或者身边人有愤怒或攻击的反应时，如果明白这些情绪其实都源于被误解、被怀疑或者被拒绝等更深层的感受，那么这个认知就像是一个"弱光开关"，可以降低情绪反应的强度，我们就会去思索在愤怒或者攻击这些表象的情绪反应之下的深层情绪究竟是什么。

通过共情来指引着方向，让我们能够透过行为表面看到行为下的挫败、恐惧或者其他的深层情绪，可以通过共情给出合适的回应，不论是我们自己还是帮助他人，都需要更多的耐心去了解真正的原因。

8. 设定边界，维持平衡

在共情的关系中，设定边界，而不是设置底线，这一点是非常重要的。我们现代的关系中隐含着许多的痛苦和伤害。所以我们常常会提到设置底线的概念，一旦触及我们的底线，我们就会选择放弃这个答案。

但是底线的思维虽然能帮助我们离开一些糟糕的关系，却常常已经付出许多，或者两败俱伤。我们把自己和关系都逼迫到一种毫无转圜余地的地步，而这往往并不是我们一开始所期望的。如果在每段关系的一开始，我们就能学会设定边界的话，那么我们也就能更好地平衡自身的独立与关系中的互相依赖。

我有个朋友曾经对我说："我告诉了你我所有的秘密，但是你却从来不说任何关于你的秘密。"我知道当时她这么说是希望我能够对她敞开我自己。

她在暗示的意思是：我不想告诉她我自己的事情，是因为我想表现得很完美。

我可以很容易地接受她的想法，并且告诉她她想知道的关于我的任何事情。但是我知道，不管在心理治疗还是在生活中，这都是一个陷阱。

虽然看上去这样的互动可能会让对方的感觉瞬间好很多，类似于原来你也经历过那么多类似的情况，那么我的感觉就好了。但是如果朋友之间经常这样做，结果会逐步造成长期的怨恨。

设定边界是一种能让共情发挥作用、让注意力一直关注当下这个话题的方法。如果我们是为了去除他人的不安全感而进行自我坦白的话，那么几乎不会起到任何作用，甚至会分散注意力。年轻的咨询师有时候也会犯这种错误，去跟来访者分享自己的苦恼，以为自我暴露可以产生人与人之间的信任和连接。

但熟悉共情的人会知道，如果总是针对他人的问题，分享自己的经历和苦难，这很少会真正长远地安抚到他们。因为一个人深深的不安全感是不会因为知道了他人有同样严重的问题而被治愈的。

共情能让我们不带偏见地去倾听事情表层下面的意义，而要做到不带偏见地倾听，必须设定边界。设定边界不是说要对他人不在乎，或者让自己不受他人痛苦的影响；相反，设定边界是为了能给对方客观的回应，为此，有必要保持自己的抽离状态。

在心理治疗和日常生活中，设定合适的边界都是至关重要的。真正的信任来自当下这个时刻共情的互动，而不是应邀说出关于某个特定话题的想法和感受。我们无法通过变得像他人一样紧张来缓解他人的不安。事实上，在绝大多数情况下，这么做只会增加他人的焦虑。

生活中也是一样的道理。虽然有时彼此之间的相互融合很重要，但同样至关重要的是我们要知道每个人都是相互分离、各不相同的。共情会允许差异的存在，更重要的是，共情还会帮助我们包容人与人之间的差异。

我们既依赖他人，也各自独立。我们走到一起又各自分开，总是维持着一个介入和抽离之间的平衡，依赖和独立之间的平衡。在共情的指引下，我们知道什么时候介入是必需的，什么时候离开才是对关系最好的。

在亲密关系中，我们所面临的最重要的挑战之一就是，要知道我在哪里结束，而你可以从哪里开始。如果我的边界和你的边界纠缠在一起了，那我就搞不清楚什么是属于我的，什么才是你的。

在这种相互纠结的局面中，共情就没有办法展开了，因为共情很需要客观性来维持它的平衡。

在亲密关系中，需要保持共情所产生的那个平衡，要明白对于我们所爱的人来说，自己的边界是从哪里开始，到哪里结束。

　　那种平衡的状态会给予我们所需的洞察和理解，这样既能清晰坦诚地表达我们自己，又能尊重他人特有的需求、渴望、希望和梦想。

第四章

通过共情自我保护

共情是人类维持生命的一种强大的能量，同时也是人类所共有的一种潜力，我们可以通过诚实、谦逊、接纳、宽容、感恩、善良、希望、原谅等方式让这种潜在的力量外显出来。但是如果生活中有些人想要利用共情去蒙骗或伤害他人的话，共情同样也能显示出它积极地保护我们的作用。

一　共情的阴暗面

我们已经了解到共情具有强大的力量，它既可以被用于善意、积极的目的，也有可能被恶意利用，共情也有其阴暗面。

共情是人类与生俱来的一种能力，有时候被称作为能看透人心的力量，是一种可以知道他人想法、感受他人情绪的能力，比我们能够理解到的要强有力得多，有着许多尚未被开发的潜能。

同样共情也有两面性，有其阴暗面的存在，如果被一些不良分子精心算计，并掌控他人的恐惧的话，最终甚至会摧毁别人。

精神分析学家海因兹·科胡特写过一篇文章讲述当时的纳粹分子，在投放的炸弹上加上响亮的警报声，利用从天空中传来的奇怪声音而给地面上的人们造成巨大的恐慌。这就是共情被恶意利用的典型例子。

我的工作主要是心理咨询，每天都在跟那些遭受困扰的人们打交道，我的感受是共情是一种极具深度和广度的体验，有时候甚至可以带我们体验到生命中最崇高、最伟大的情感——关心他人、慈悲、自我牺牲和爱，但同样在转瞬间，共情也能让我们看到人类灵魂最阴暗的地方，充满了欺骗和背叛。

我们生活中有各种各样的销售人员，时而语气坚定权威，时而花言巧语，用这种套路攻破顾客的心理防线，这也是一种共情的使用。这就像我们很多父母教育孩子的方式一样，一会儿是你要把这个或者那个做好的命令，一会儿又温柔爱怜地呼应孩子的情感。

我曾经见到过一些房子的销售员，他们一边给你讲解这个房子的各种优势，引导你去想象只有住在这个房子里才能够匹配你的身份。有时候销售又会告诉你，你住在里面是怎么样的一种享受，然后告诉你你应该对自己更好一些了，是时候换个房子给自己住了，就像我们的母亲从小温柔地替我们着想。但是一眨眼的时候，销售又会告诉你他同事的客户已经看中了同一套房子，如果你现在下决定购买的话，他可以替你赶紧去抢这套房子，同时向他的经理申请拿到一个更好的价格。

我们很容易陷入这些销售的套路中，甚至都没有想好是否需要就乖乖地买单了，如果仔细观察的话就会发现，其实每天都有人通过共情来影响我们。比如说你的老板也许会利用你的职业操守或者你害怕被炒鱿鱼的心理来劝你超时工作；你的爱人可能会花言巧语地恭维你，让你忘掉一段不愉快的对话；你的孩子在他的要求没有得到满足的时候可能会双眼含着泪水望着你，一方面是因为沮丧，另一方面显然也是因为想要你改变主意。

1. 评估别人特质和动机的能力

在所有的关系之中，尤其是当别人对我们共情的时候，一定要学会评估别人的特质和动机的能力。因为所有的关系确实有一定的复杂性，那些看起来像是朋友的人可能只是在利用我们，而貌似敌人的人也可能只是害怕我们。

我们在评估别人的动机的时候，并不是简单地听从他语言告诉我们的话，而是需要仔细去观察，要注意看他人的眼神。看他在说话的时候是直视我们，还是眼神闪躲不敢看我们？要注意看他手上的动作是什么，是否和他的表达一致？他站着的时候是不是两只脚交替着地？他是不是很随意就搂着你的肩膀说你是他最好的朋友？一定要记得问自己：他在跟我说的话，是不是为了推销？一定要想想在那些话语背后的真正的原因。

有时候我们确实需要镇定又用心地评估别人的特质，这是为了让我们能跟真心为我们好的人为伴，不要受害于想利用我们的人。

有件事让我记忆非常深刻，我曾经有一个好朋友，我非常尊敬他，认为他什么都知道。

有一天我把他带到我的一位心理学老师那里，交谈之后，我的心理学老师把我留了下来，他问我这就是你非常敬仰的朋友吗？老师告诉我在我们交流的时候，他观察了一下，他发现我的朋友从来不看我的眼睛，甚至我在说什么他也并没有听，他只是在等我说完之后，可以说出他的意见。他说话的时候就好像是在演讲，他只在乎他自己，如何保持让你敬仰的位置。

我们周围的人——包括我们自己——都会有意无意地使用共情这种能力，但是如果我们可以明确知道一个人的特质和动机的话，那么我们就可以自己来判断，是否需要受到这种情绪控制。

"妈妈，您工作实在是太忙了，我都觉得没有机会单独跟您待一会儿了。"我的双胞胎儿子常常这样对我说，"妈妈，我想你是不是不爱我了，你看你又要去工作了。"他们这么说的时候言语中充满了各种委屈，然后他们就会迫不及待地对我闪过一个胜利者的微笑，"那么，今天现在你能不能给我买个玩具？"这个时候我明明知道我正在被这两个小孩子操控着，但是我却觉得他们还挺招人喜欢的。

所以最关键的一点是我们要知道语言背后的目的。我们就可以自己做决定，要不要进行配合。

2. 被恶意利用的共情

我有个朋友叫贾丽，之前给我讲过一个关于她和她同事的事情，这件事让她困惑了很久。这个事情也可能是我们职场中最容易碰到的问题。贾丽在之前的公司里，有个关系还不错的同事叫杨怡。杨怡坐在贾丽旁边，总对贾丽抱怨她的工作多啊，主管对她很苛刻啊，让她总是没办法准时下班去接孩子，导致她的小孩就总是一个人在空荡荡的幼儿园里，等等。

有一次杨怡要提早离开去接小孩，但是又有个很重要的会议，所以就拜托贾丽替她去参加。贾丽觉得平时听杨怡吐了不少的苦水，交情还算可以，也看着杨怡好几次都匆匆忙忙赶着下班去接小孩，觉得蛮同情她的，所以就答应了。

让贾丽没想到的是，自从那次之后，杨怡时常会在快下班的时候，把一些原本是她该做完的工作丢给贾丽，理由也多半都是她要准时下班去接小孩。贾丽没有想明白的是，原本明明只是一次性的帮忙，结果到后来却变成了贾丽自己都没办法准时下班；而杨怡，明知道自己工作做不完，却还是在上班的时候打混、和别人聊天、逛网店，最后再把做不完的事情丢给贾丽，要求她帮忙。

后来有一次，贾丽说她真的受不了了，就在她又尝试要把工作丢给贾丽的时候，鼓起勇气拒绝了杨怡。

让贾丽怎么都没有想到的是，杨怡居然当着全办公室同事的面，把贾丽骂了一顿。说贾丽只想打混、不想多做事，个性很消极，工作态度很差，甚至还骂她自私，不会替别人着想。

贾丽说她想不明白，怎么会有人那么正大光明地把别人的帮忙当成理所当然，甚至最后变成了你不帮我忙，就是你欠我的。这一切都是怎么发生的呢？

事实上，在人际互动中每个人都会有自己的需求，通过共情的方式提出来讨论，是相当常见的人际行为，但是一旦其中一方恶意利用共情，就构成了某种意义上的情绪控制。

事实上，一开始杨怡就发现通过与贾丽共情，可以使贾丽帮助她完成自己的工作，而她就可以准时去接小孩。但是这里有一个非常关键点就是，当他人的需求也就是贾丽的需求，与自我的需求也就是杨怡自己的需求起冲突的时候，杨怡就会选择性地忽略别人的感受和需求，而且，她会自动地"放大"自我需求的急迫性。

情绪控制常常会着眼于我们的一些固有的观念，如果说我们的观念里认为我想要当个好人，所以我不能拒绝别人的要求，那么我们就会发现我们的身边多了许多需要我们帮助的人，同事会对我们说："这个工作对我来说实在太难了，你前几天刚做过你来做好吗？"或者我们的室友会说："我在网络上买了一个很便宜的书桌，但是太大了我拿不了，你能去替我拿回来吗？"等等。

我们每天都因为要做个好人而忙得团团转，不知道如何去拒绝这些不合理的要求，结果发现自己已经不堪重负了，常常觉得负担很重也影响了平时的心情，甚至必须压抑自己的需求，但是依旧无法拒绝身边人的请求，因为我们都有一个观念，那就是认为如果拒绝了别人，自己就不是一个好人了。我们甚至会认为拒绝别人，是我们的错误。

类似的观念还有很多，比如希望获得别人的肯定、习惯于自我怀疑、过度在乎别人的感受、对权威的尊崇，等等，都会让我们更容易陷入共情的阴暗面之中。

所以我们需要共情来告诉我们什么时候可以表示同意，而什么情况下需要去拒绝。我们需要共情帮助我们设定边界，划清界限，这样才能在敞开心扉迎接生活的不同经历的时候，也能保护我们免受伤害。

二 抵御共情阴暗面的 10 个步骤

共情是我们维持生命的一种强大的能量，同时也是我们所共有的一种潜力，我们可以通过诚实、谦逊、接纳、宽容、感恩、善良、希望、原谅等方式让这种潜在的力量外显出来。但是如果生活中有些人想要利用共情去蒙骗或伤害他人的话，共情同样也能显示出它积极地保护我们的作用。

现在社会中很多人会有意识或者无意识地使用一些情绪控制或者情绪勒索的手段，而让关系呈现出复杂性并且带有伤害性，所以抵御共情阴暗面的 10 个步骤是保护我们免遭危害的一种力量。我们可以学习掌握这些步骤，同样在生活中尽量加以运用。

1. 分辨出真正的共情和有目的的共情

分辨真正的共情和有目的的共情是帮助我们抵御共情阴暗面的第一步，如果我们留心观察，用心感受，我们是能够分辨出这两者是完全不同的。真正的共情是由真正关心他人和渴望去帮助他人而激发出来的，但有目的的共情则主要会关注于他人能给共情者带来什么，或者能让共情者逃避什么，总之一定是有个目的的。

做人事工作的小羽和我抱怨说，她刚刚帮她的老板开除了一个公司里很麻烦的员工。"哦？很麻烦？"我好奇地问道。

"我们老板非常心软，那个员工就利用这一点，比如说平时让她做些工作，她就会说自己家里出了状况，或者身体出了状况做不了，推给其他人。绩效考核不合格，老板想要开除她的时候，她就会立刻把手上的工作做得很好，也会做一些让老板觉得她还可以继续用用看的事情。然后就这样反反复复了好几个月，也影响了身边其他的同事。"小羽和我抱怨道，"但是事实上就是好几个月什么业绩都没有。"

"这个员工倒是很会共情哎！"我感叹道。"我们会把共情能力定义为能够准确地理解另一个人的想法和感受的能力，我觉得她做得相当不错啊。"

"是的，她总是在一些小事上表现得非常为公司着想，甚至主动加班，做了一点点成绩就要所有人关注她，围着她转，当然也要老板知道咯。"小羽想了想说道，"但她其实并不是真正为了公司着想，只是她知道这个样子是老板想要的。"

如果出于真正的共情，那么我们会用关心和尊重来对待他人，如果是出于有目的的共情，那他人的想法和感受就不那么重要了，因为只是在寻求个人的收获和满足，只要稍加留心，其他人也一定会察觉到。

我们生活中有很多有目的的共情，有时候表现得相对比较善意的、是可以预测的，就像销售卖给我们一辆车的时候，常常还想着连带再卖一些我们并不需要的配件。我之前在买车的时候就经历过，当时我和销售经理谈好了汽车购买的合同，但是在确认之后，提车之前，他突然告诉我需要等上一个月才能拿到车，否则只能接受一部在车内装潢上增加了几千块钱的车。虽然我不想付这笔钱，但是当时我非常着急用车，所以最后还是同意了。

我们去超市买一样物品的时候，同时店员会告诉你，有个商品正在做特价活动，只要加几块钱就可以得到另一个原价十几块钱的东西，即使我们从来没有想过要买，大多数的人也会同意顺带买了这个特价的商品。

但有时候，生活中的一些有目的的共情并不都是无伤大雅的，甚至有时候也会有着邪恶的一面，给我们的生活带来很多陷阱，比如说一些年纪很轻又很帅气的男生，会愿意和一些有钱的妇女做朋友，给她们爱和陪伴，然后偷走她们的钱，从她们的生活中消失；或者一些保健品销售们常常会找独自在家的老人，陪他们打电话聊天，说服他们只要坚持购买很多保健品就不会生病；等等。

虽然有目的的共情在生活中实在太多了，但是如果我们可以用心观察和感受的话，我们还是可以分辨出来的。

让我们感到困惑的经常是另一种情况，是有目的的共情和真正的共情同时并存，即使是在最健康的关系中也会如此。比如说我们有一些老朋友，平时并不怎么联系，甚至好多年都没有见过面，也没有通过电话。

但是有一天我们突然遇到了一个难题，我们想起来也许哪个朋友可以帮助我们解决或者给我们一些建议，这个时候我们就会联系他，会告诉他我们的近况，告诉他分别以后我们是如何看重彼此之间的友谊，但是同样我们也会提出困难，希望得到他的建议和帮助。这样的朋友会面几乎经常发生在我们的生活之中，我们确实是关心我们的朋友，也确实是想从他那里得到些东西，这里有真正的共情，也有有目的的共情。

真正的共情和有目的共情经常共存，大多数人都以为，如果想从某种关系中有所获益的话，共情就不可能是真心的。但是，真正的共情总会让我们有所收获，即使付出共情的时候并没有想着要拿回任何东西，我们也总是会从中获益的。

我们带着共情给出别人回应，就会加强我们跟他人以及跟整个世界的连接，拓宽我们的视角。与此同时，我们的自我感觉也会越来越好，因为一旦我们把共情付诸实践，就会发现我们的焦虑和压力都减少了，跟周围人的连接也更紧密了，这些都算是获益。

共情总是要把握一个平衡，真正的共情会让关系既稳定又牢固，而被有目的的共情所驱动的关系总有一天会失去平衡。如果你发现是有目的的共情在主导一段关系，那么你就需要保护你自己，因为你要知道另一个人的行为是他的自我利益在驱动着。

当然，如果一段关系开始时是由有目的的共情作为主要驱动力的，那么我们就要去关注它的发展方向，因为有目的的共情关系也可以发展为真正的共情关系；同样，真正的共情关系也可能会变成有目的的共情关系。

共情的力量就在于能够随着时间推移，不断识别出真相。

2. 了解我们自己的欲望和渴求

渴望什么、向往什么、梦想什么、我们的欲望是什么、我们希望什么、我们在渴求着什么……我们问过自己，生活中一直希望得到的是什么，我们是不是真的了解我们自己的欲望和渴求，这是我们抵御共情阴暗面的第二步。

安全感、婚姻、子女、持久不变的爱、财务自由、心灵的宁静、物质上的富足、别墅、市中心的公寓，你的渴望暴露了你生活中缺失的那个部分，也让你更容易受到共情阴暗面的伤害。

如果想要理解你的渴求，就要去问问自己，在你的一生当中对你来说最重要的是什么，曾经你的渴望是什么，如今你的渴望又是什么。我们的过去总是影响着我们的现在，藏在心里的愿望和表达出来的愿望都会指向那些过去对现在生活产生影响的地方。

我有一个来访者叫陆小川，今年已经 38 岁了，依旧单身，在一家 500 强的企业里做高管。别人看她一心都放在事业上，但是她自己却非常迷茫。她来找我聊天，她说她感觉非常痛苦，因为她给了自己太大的压力。她说她的母亲是一个非常要强的女强人，但一辈子默默无闻，把所有的希望都寄托在了陆小川的身上，从小父母就把她当成男孩子养。

她母亲常常对她说，如果你足够努力的话，你一定可以成就一番事业，所以她对自己的要求越来越高，希望实现她母亲的梦想。虽然她的母亲已经去世 10 年了，但是要成为最好的自己这一信念一直在她心里，她发现她在追求着那些她永远也做不到的事情。她告诉我："我想让我的母亲能够为我骄傲，我想象着她能为我的成功而微笑，让她知道她的生命终有所值。"

陆小川一直以来的渴望表明了她想要改写她的过去。陆小川有一个过去的自己，那个一直坚信自己能为了母亲而改变世界的小孩；同样她也有一个现在的自己，那个盲目想要改变过往的痛苦而持续强迫自己不断超越自我的人。在咨询过程中，她成功地找到了对过去自己和现在自己的共情。知道自己究竟渴求的是什么，由共情来为自己指路，就能摆脱过往的桎梏。

我们大多数的人都想在我们从事的领域中尽量做到更好，大多数人都希望能够被敬仰、被尊敬、被爱戴。我们对于名气、成功、敬仰和无条件关爱的渴求通常是因为想要弥补过去经历过的失望。

要想明白我们一直以来的渴求是什么，就需要去重访我们的过去，寻找一下曾经缺失了的共情。渴求就是想去填补我们内心中空缺的那个地方。

我们的意识中有许多我们察觉不到的旧有模式，我们只有明白我们内心的那些空缺在哪里，知道那些空缺代表的是哪些原始的缺失。

共情总是会把这个寻找的旅程带回到过去，看一看那些空缺是在什么时候如何产生的，又为什么一直没有被填补上。这并不是要找到什么人来责怪，而是要去弄明白我们究竟是谁，为什么我们会有现在的这些想法和感受。一旦明白了为什么我们会有这些渴求，也就能够摆脱掉某些意识不到的旧有模式了。

3. 学着相信我们天生的本能

当我们身处危险的时候，天生的共情是会本能地保护我们的，所以要学着相信我们天生的这种本能，这是抵御共情阴暗面的第三步。

如果仔细观察就会发现，当我们的身体处于某种危险时，不论是否意识到，我们的情绪脑都会马上发出警报，体内会分泌大量的肾上腺素，流动着大量荷尔蒙，心跳也会加速。

我们的身体反应就如同我们看到猫在受到惊吓的时候，会自然弓起后背，毛都会竖起来一样。我们虽然没有遍布全身的长毛，但是我们身上会起许多鸡皮疙瘩。

如果我们在非常突然的情况下受到某种惊吓的话，我们的身上就会起鸡皮疙瘩，或心跳开始加速，就是我们的大脑在提醒我们有危险，需要小心。我们的大脑能够采集到那些看起来不太重要、进入不了我们意识的信号，比如一个一闪而过的面部表情，一个与谈话内容不那么相符的说法，一个只在嘴上却没有出现在眼睛里的微笑，某人的脚紧张地点了一下地，灌木丛里的窸窣声，刹车时刺耳的声音……

这些可能是危险的预兆在进入我们的思维脑之前，就会被我们的情绪脑加工处理。所以，我们经常能找到合乎逻辑的理由，说明我们自己处于险境之前，就已经通过共情感觉到了恐惧，觉察到了危险。

但是，需要提防的是我们的情绪脑有时候也会反应过度，在没有威胁的地方感觉到恐惧。比如说，有时候普通的楼梯的吱嘎响声甚至可能会促发严重的惊恐发作。所以把节奏放缓同样也适用于危险时刻。

我们既要注意情绪脑发来的信号，同时也要让思维脑发挥作用。这能让我们从无法动弹的恐惧中解脱出来，帮助我们在行动中去实施，甚至是救命的行动中。思维脑和情绪脑相互依赖，共同指导着我们的行动，保护着我们的安全。所以我们要学会倾听共情发出的警告信号。

4. 将我们的注意力关注于全局

恐惧、焦虑、恼怒和沮丧都会让我们把注意力集中于某一部分，从而看不到全局。所以抵御共情阴暗面的第四步就是要保持我们的注意力尽可能关注于全局。

在心理学的研究显示，高水平的情绪唤起会急剧降低我们处理信息并存入记忆的能力。也就是说如果当有个人用一把枪或者一把刀威胁我们的时候，我们当时的注意力就都集中在这个武器上，我们注意到其他细节的能力就会大幅度降低。恐惧的情绪是我们生活中最容易获得注意力的一种情绪。

同样，如果我们因为工作的忙碌、身为父母的责任、体育运动中的竞争或者关系中的痛苦等因素而倍感压力的时候，我们的视野也会变窄，妨碍我们看到全局，这时候的共情能力也肯定会受到影响。

同时我们内心的渴求和某件事情的动机也会进一步限制我们关注全局的能力。我有个来访者曾经告诉过我他被骗的经历，他是一位资深的保险销售，有一天他遇到了一个大客户，他们约在某个五星级酒店的餐厅，吃了一顿非常昂贵的午餐，之后那位大客户接了个电话就匆匆忙忙离开了，甚至没有支付他的账单，当然相谈甚欢的那张保单最后也并没有如他所预期地成功签约。

作为一个资深的保险销售，他是有共情的能力能够判断出真实的情况的，但是因为他太渴求这张大面额的保单能够签约，所以他就忽略了那些看起来不太重要的细节。

在我做咨询的过程中，或者在我的生活中，我常常提醒自己要依赖于我的周边视野。我没注意到的是什么或者我漏掉了什么？我经常独自思考该如何拓宽我的视野，让我能够理解得更全面。我曾经遇到过一个女性来访者，她告诉我她非常绝望，因为她的先生背叛了她，有了外遇。我们在一起经历了很久的疗程，直到最后的时候她的先生出现了，告诉我她早在她的先生出轨之前就和她的老板发生了一夜情。虽然在整个咨询的过程中，我曾经疑惑过，似乎我没有能够弄清楚为什么她始终愿意待在她所说的这样一个无助的环境中。

尽管我感觉到了我好像漏掉了什么东西，比如说我没能看到的一些能说明问题的、依次发生的细节等，但是我却没有注意到我的直觉，我绝对受了性别偏见的影响，认为只有丈夫会欺骗妻子，而妻子一定会很忠诚。

这一天让我学习到对自己的偏见和预判要更加谨慎。我发现我很容易受"悲惨女人"的影响，自动相信她们所说的受到不公平对待的解释。

共情就好像是一个能涵盖周边细节的广角镜头，不仅会扩展我们的视野，也会呈现出我们所体验到的全景。有时候共情也会在时间轴上进行操作，让一个运动着的画面定格下来，以让我们能够看到事件发生的顺序。

因此共情总是能够随着时间的推移而逐渐引出真相。我们对周围其他人的性格和用意的理解，很少是来自突然的某种顿悟，而主要是来自那些随着时间慢慢形成的、值得深信的认知。

所以共情告诉我们要尽量保持注意力；我们需要留心观察人们的心情和行为的细微变化，观察那些不太相符的细节和事实；同时也要尽量让我们的头脑对所有的可能性都保持一种开放的态度。

当视角扩大之后，我们的内心和头脑也会扩展，这会带给我们所需要的耐心、灵活性和智慧，来关心我们自己，也关心他人。

5. 当心陌生人突兀地接近

如果陌生人问你很私密的问题，或者向你暴露他自己的个人信息时，就要当心了。因为亲近应该是应邀而来的，不会突然发生。抵御共情阴暗面第五步就是告诉我们要当心那些突兀的接近。

那些闲聊了一会儿就想跟你套近乎的人，他们脑子里想的肯定不是你的利益。对于陌生人的示好，有时候也要视情况而待，比如说一个陌生人来参加你母亲的葬礼，不用问就给了你一个温暖的拥抱。这个陌生人带着真诚而温暖说："我是你母亲童年时的朋友，我感觉好像已经认识你一辈子了。"在这种情况下，你可以比较肯定这个陌生人是出于真诚的关心。相反，如果是一个销售员在认识你 10 分钟之后就伸出双臂搂着你，那他多半是出于某些自私的原因来跟你熟络的。

等你买下了那些销售的商品，或者决定不买之后，这些人还会记得你吗？要小心那些主动付出感情、表达夸张的感激或送出"免费"礼物的陌生人，他们很有可能在期待着这些投入能有所回报。

一般在人际关系的早期，我们其实就有能力感觉出这段关系是否能够发展为比较亲密的关系。我们都有这样的感受，比如那些一见面就让我们感觉很舒服的人，我们会觉得一见如故，相见恨晚。但是，真正的亲密关系是建立在真正共情的基础上的，是需要时间来逐步建立信任的。

我们和一个人聊上几句，或有一次促膝长谈，或首次约会很成功，不论我们感觉彼此之间有多么亲近，我们都要慢慢来。如果我们感觉到被人催促了，那一定要坚定地维护好我们自己的边界，而且要清晰无误地让对方知道自己的预期。

如果对方并不尊重我们的边界，强迫我们做些让我们感觉到不自在的事情，这个时候要记得拒绝。要相信我们天生的本能，一旦做了决定就不要再犹豫。不管对方看起来有多么和善，都不要让自己上当。如果他们很生气或厌恶地走开了，也不要因为伤害了他们的感情或破坏了一段友谊而感到自责或羞愧，我们更要因为我们学会了用共情来保护自己而感到自豪。

6. 小心关系中的过冷和过热

抵御共情阴暗面第六步就是一定要小心在关系中出现过冷和过热的极端情绪。我曾经有个帮助我处理一些工作和生活中各项杂事的行政助理，在最开始的相处中，她表现出非常好的工作能力，但是之后随着相处时间更久，我就发现她的情绪是非常不稳定的，总是处于过冷和过热的极端情绪中，因此也影响了她的工作和周围的人。

她告诉我她的情绪总是受到她父亲的影响，她父亲给了她非常大的压力，比如说有一次她在工作的时候，她父亲突然来接她下班，但是她的工作还没有正常完成。她害怕她父亲发火，所以就赶去安抚她父亲，但是即使她回去了，她和她父亲之间还是发生了非常激烈的冲突。她告诉我她父亲打了她一记耳光，但是事后又为此非常后悔和愧疚。他们花了整夜的时间在争吵又和解，这似乎已经成了他们父女之间相处的模式。

有的时候她知道她的父亲非常爱她，但是一旦她有什么事情做得不能符合她父亲的心意时，她父亲就会大发脾气甚至臭骂她。她告诉我的时候流露出非常绝望的神情，她说她无法控制这种相处模式，她和她父亲总是处在要么极其疯狂地争吵，要么她父亲不断忏悔请求她的原谅这两者之间，她说她不知道该怎么办，她的情绪随着她父亲的情绪而起起伏伏，她感觉她自己已经处于一种失控的状态，这种状态让她没有办法正常进行工作和生活。

事实上如果我们心里非常在乎的人，总在处于某种情绪剧烈变化，不断在过热或过冷两个极端情绪之间转换的话，那么我们的情绪也会随着对方的心情而产生波动，这个时候我们很难达到情绪的稳定和平衡。如果说我们的情绪变化总是处于一种不可预测的状态，那么我们就会因此而一直紧张，不知道我们所面对的情形在什么时候就会发生改变，或者不会发生改变。当这种紧张和焦虑不断恶化的时候，我们的想法也会跟着变得混乱，而且会越来越难以给出合情合理的回应。

丁丁是一位39岁的餐厅老板，他跟我讲了他和他未婚妻的故事，他们最近发生了一次极其严重的争吵。争吵的起因是他和餐厅新来的财务经理通了半个小时电话。当然他的财务经理是一个大学刚刚毕业，非常年轻漂亮的女人。

他的未婚妻那天突然就醋意大发，虽然他已经在不断解释那个电话只是单纯在讨论工作上的事情，但是他的未婚妻还是情绪激动，甚至演变为离家出走和想要跳楼自杀，他感觉在那种极度疯狂的情绪下，让他丝毫没有办法劝阻他的未婚妻，那一刻他也感受到了非常绝望和无助的情绪。那天晚上稍晚的时候，他的未婚妻似乎冷静了下来，并且为此感到非常后悔。他告诉我他的未婚妻不断向他道歉，希望得到他的原谅，但是他感到太累了，只希望这件事情能够快点过去。

丁丁对我说，他的未婚妻有时候非常甜美，但是发起脾气来就会像那次那样，他感觉有些歇斯底里，让他毫无办法。他问我他该怎么办，他不知道自己是不是还要继续这段关系。

我和丁丁花了很长时间来讨论这件事情，我将丁丁告诉我的话复述给他，我说："你们还没有结婚，你不知道是什么原因让你一直忍受你的未婚妻，你告诉我说她的脾气很差，你甚至都不知道她什么时候就会突然变得心情很糟糕。你说她和她身边的很多人都格格不入，甚至包括了她最亲近的一些朋友和她的家人。你还告诉我，尽管你很在乎她，但是你并不觉得你是在爱着她的，可是你还是想要娶她，并且觉得放不开她。"

我重复了这个事实，让丁丁能够用平静的角度来重新看待这个问题，他很坦诚地告诉我，他对和女人交往感觉到经验不足，他认为女人都是这样情绪化的。同时他非常害怕孤独，他很担心之后他只能一个人度过他的余生。他把所有的希望都寄托在了这段关系上，他希望能够进入婚姻、成为父亲，这个希望让他无法真正看到在他面前的未婚妻究竟是什么样子的。

所以，当我们可以通过共情的方法，把所有的线索都呈现出来的时候，我们就能看到事情的全貌了。在那次深度沟通结束的时候，丁丁告诉我说，他觉得不那么焦虑了，因为他打算把节奏慢下来，不再急着为他的将来做打算，他有更多的时间来搞明白，他有没有可能舒服地把他们的关系持续下去。但是又经过几个月之后，丁丁告诉我他意识到他的未婚妻是不会改变了，所以他结束了这段关系。

在我们的生活中，一般来讲，情绪如果处于过热或过冷的环境中，那么共情的效果就不那么好了。因为共情需要一个平衡的温度，可以用冷静的反思把火热的情绪平息下来。如果我们常常被别人影响，使我们自己的情绪处于过山车的状态，那么我们的情绪就会陷入某种慌乱中，而无法很好地使用共情的力量去发现那些不适合的情况和潜在的危险。

如果我们经常会感觉到自己的状态不好，不知道接下来应该做什么或者说什么，比如说一时我们会像得到了某份炽烈的永恒爱情那样情绪高昂，而接下来突然之间又会感受到退缩和忽视，那我们的情绪肯定是出了什么问题。

极端情况会让我们无所适从，这种情况会吞噬大量的能量，远远比给出的能量还要多许多，所以注定也会剥夺共情的力量。在发生冲突的时候，某些特征性的回应会损害关系，而另一些反应则有助于关系的稳定。

曾经有人研究过在男女的亲密关系中使用或者不使用共情的方式，从而整理出了夫妻吵架时会发生的四大类行为：退出、忽视、发生和忠诚。

退出行为是一种"过热"的极端行为的表现，包括威胁要结束关系、愤怒或沮丧地离开房间，或者反应很粗鲁地大喊大叫，甚至摔打东西，等等。

忽视行为是一种被动的破坏性行为，是一种"过冷"的极端表现，包括拒绝讨论关系中互相面临的问题，虽然不断点头但并没有真正在倾听，避免进一步的互动，回避可能会导致吵架的争论，等等。

退出和忽视两种行为肯定会不利于关系的稳定，从长期的伴侣功能的角度来看，在关系发生冲突的时候，不要采取退出或忽视行为，这是稳定关系中非常关键的一点。

发声的行为是需要主动尝试把事情讨论清楚，愿意寻求问题的解决方案，包括向朋友、家人等寻求建议。忠诚的行为方式能被动地起到正面效果，包括等着情况好转，即使在冲突中也保持乐观的态度，别人批评你的伴侣时会为其辩解等。在关系中，发声和忠诚这两种行为有助于体现出在过冷和过热的极端情绪之间的冷静的立场，这个冷静的时刻能够让共情发挥作用，有助于维持关系的稳定性和安全感。

共情帮助我们产生冷静的时刻，因为通过共情我们能够更准确地推断出我们伴侣的想法和感受，就可以更好地包容对方，从而避免自己做出破坏性反应的冲动。

我们会努力去相互理解，而不是相互报复或伤害，如果我们希望关系一直保持相对稳定和健康，那么就需要让共情能够双向地流动。如果双方关系中有一方能够精准地理解另一方的想法和感受，反过来却不能被很好地理解，那么这个关系也会变得不平衡、不稳定。

即使在很亲近、很相爱的关系中，也会存在共情的阴暗面，如果我们带着同情和耐心去感受这段关系，那么我们就能够判断出来这个关系是否能变得更加平衡和相互共情。如果有一段关系需要我们付出所有的能量来维持，那么这段付出远大于回报的关系，也许就是在向共情的阴暗面投降，也是在拿自己的稳定性和自我感在冒险。

7. 学会分辨和远离总是责怪他人的人

抵御共情阴暗面第七步就是学会识别那些爱责怪他人的人，这可能是你能保护自己免受共情阴暗面伤害所采取的最重要的一步。

要学会并且能够很好地评估他人对于某件事情的自我归因的意愿和能力，有一个重要的方法就是学会去观察责怪他人的人的行为。

我们的生活中会遇到这样的人，他们常常会说"我也没办法，都是别人的错"，或者"你都不会相信他们对我做了什么"，有时候你听到你的同事在和你抱怨"从来就没有人懂得欣赏我","我已经尽力了,但是我们团队的其他人都在偷懒,简直糟糕透了",或者"我是这里唯一一个努力工作的人",有时候甚至会说"这个世界到底怎么了"。

这些话语非常熟悉,他们说得理所当然,但如果我们对这种抱怨给予肯定的回复,那么对他们来说是给了他们一个不用为自己的行为负责的机会。

从一个人的成长过程来看,在我们成长的早期,还是孩子的时候,我们确实是不能做到把自己视为一个独立的、自我的、与他人分开的人,而是会把我们的父母或者照顾我们的人看作是我们的延伸。如果遇到了困难或者做错了事情,孩子确实会认为这是他们的父母需要为出错的事情来负责的。

但是在不断长大的过程中,孩子会通过跟深爱他们的大人之间的共情互动,学习到如何应对失败,然后带着失败继续生活。他们会发现,即使是犯了错,他们还是会被接纳和被爱的。随着他们被接纳的过程,他们会学会为自己的成败承担责任,随着他们对失败的接受的能力逐渐增强,他们的自我感也会不断扩展。

但是,如果他们的想法和感受没有被真正理解,他们就会继续通过责怪他人来保持自我的完整。如果没有被共情对待,他们就会一直卡在责怪他人的模式中出不来。这就是为什么我们会见到许多在生活中为所欲为,对朋友不忠、对伴侣粗暴、对父母动手,等等,却还总是可以去责怪别人的人。我曾经听过一个故事,我非常喜欢。

有个村民站在村口迎接他的新邻居。第一辆车来了,一个父亲带着他的全家,车上装满了他们的全部家当,父亲问村民:"这个村子里,都住着些什么人啊?"

村民问道:"你原来的村子里都住了些什么人呢?"

　　父亲回答："他们都是些小偷，每个人都贪婪、自私、没有头脑、感觉麻木……"

　　"哦，那么你在这里也会发现同一类人。"村民回答道。

　　过了一会儿，第二辆车出现了，车主问村民："你能告诉我，这个村子里都住着什么样的人呢？"

　　"你原来的村子里都住了些什么人呢？"村民问道。

　　"他们都很善良，关心体贴别人。"第二辆车的车主回答。

　　"那么你在这里也会发现同一类人的。"这个村民说道。

　　我们可能从来没有想过，那些习惯了把自己的问题都怪罪到他人身上的人，肯定也会被其他人所责怪，因此喜欢责怪他人的人就这样也吸引了许多同一类的人。

　　习惯把问题怪罪他人的人在生活中常常会去寻找容易产生内疚的心灵，因为在容易内疚的人身上他们的不认可和谴责就更容易产生影响。责怪的种子会在内疚的土壤中生根发芽。

　　所以，想要避开这些喜欢责怪别人的人，就要特别注意我们自己的内疚水平。如果我们发现我们在跟某些人一起的时候，总是感觉到很内疚，那么就要仔细去评估一下他们的归因行为。他们是不是把问题都怪在他人身上？他们是否愿意为自己的行为承担责任？是不是发生在他们身上的不好的事情都是他人的错？

　　总是为自己的问题责怪他人是一种根深蒂固的行为，这意味着灵活性的缺乏和共情的绝对缺失。心理学家们也相信，越是为自己的问题责怪他人的人，他们的人格就越可能不稳固。

　　责怪他人和共情是完全相反的行为，因为对他人的责怪是基于自我的谎言，而共情则总是基于事实本身。责怪他人就是想把责任都推到他人的身上，而共情则是愿意为自己的想法、情绪和行为承担责任的一种行为。

8. 警惕别人煽动我们的情绪

情绪的确是会传播的，我们可以通过捕捉他人的情绪来感知周边人的情感变化，这是我们与生俱来的能力，但是那些知道如何为了自我需求来煽动他人情绪的人，就会通过他们的面部表情、语言和动作等多种形式来影响我们，所以抵御共情阴暗面第八步是一定要警惕那些为了自己的目的而煽动我们情绪的人。

现在的互联网让我们更容易去评价许多的社会化问题，当我们认同某一个社会群体的时候，那个群体也会成为我们个体心理的一部分，我们也会逐步感受到整个群里的情绪体验，这被称为一种群际情绪。

我看到一些报道，现在的网络上甚至有着某种类似于可以相约一同自杀的组织，这让我非常担忧。仇恨和痛苦都是可以通过情绪感染而传播和煽动的，那些轻易通过互联网、印刷品、收音机、电视来传播的负面情绪，甚至让一些毫不相关的人也因此而被卷入其中。

那些群体性事件，大部分情况下都是由共情的阴暗面悄然起着作用，不论是文章或者音乐，那些煽动着我们情绪的同时也钝化了我们的大脑。

如果仔细观察，我们会发现共情的阴暗面以一种更不易察觉的方式渗透在我们的生活中。我们的生活中都有这样的场景，工作非常辛苦的你，却没有得到老板的肯定。下班后，一个同样因为这件事情不开心的同事让你跟她一起去喝一杯。

"你不觉得老板更偏袒男同事吗？"几杯酒下肚之后，你的同事这样问你。

"我不知道啊，"你说着又补充了一句，"但是没有给我加工资，我的确不开心。"

"我看到他是怎么对你的了，你做了那么多工作，但是他还是给那些男同事加了工资，"你的同事继续说道，情绪更加激烈，"我听很多老同事都说他对女同事就是这样的，不会加工资的。所以很多其他的女同事都觉得再这样做下去，也没有将来，我们正确的做法是应该一起辞职，表示对他的抗议。"

遇到这种情况怎么办？你虽然的确对没有涨工资这件事情很失望，但是你刚刚来到这家公司，只做了两年，你知道还有许多可以学习的东西。可是你还是会琢磨你的同事说的是不是真的，你是应该按照她的建议辞职再找一份工作？还是应该继续努力工作，期望明年也许可能会涨工资？

共情能帮助你理清你的想法和感受，而避免受到情绪的煽动。当你头脑冷静的时候，仔细考虑自己的情况就会发现，你最主要的情绪是失望，而不是气愤。你原来是希望工资能够有所增加，和你的那位同事不一样，你没有理由相信老板对你不满意。

当你看到这个事实的时候，也许你就会想去把事情弄清楚，你试着跟老板约了一次面当面的沟通，讨论一下你的工作和这次涨工资的情况。他的心态很开放，很直截了当地告诉你，他对你的工作很满意，年底的时候会考虑晋升的情况。同时按照公司的规定，如果半年内有过工资调整就不会考虑晋升职位，所以这次工资调整的名单中就没有你。

我们一定要警惕那些因为自己的目的来煽动我们情绪的人，当我们的情绪成为某件事情的主导的时候，就无法看到事情的真相了。同时我们要记得，无论在什么时候，每个人都要学会自己做决定。

即使某人是一位位高权重的社会人物，心理咨询师、教授或者公司CEO，也并不意味着他就绝对值得相信。值得相信是一个人所呈现的一种很美好的品质，但这必须是通过努力而得到的。

所以不论是什么原因，如果我们在一段关系里感觉不自在，那么就要相信我们自己的直觉，去仔细倾听，运用评估技术去判断和我们有关系的这个人是不是暗中还有其他目的。

共情的阴暗面有时候也并不总是涉及一些邪恶的目的，那些生活中真正在乎着我们、关心着我们利益的人有时候也可能会用一种微妙的、但可能很有破坏性的方式来操控我们，想让我们接受他们对我们的想法和感受。

比如说你可能大学刚刚毕业，找了一份在你看来非常有挑战性的工作，但是你的父母却更希望你去当地的政府机关或者事业单位里做些简单的工作，这样比较稳定。你们在这个问题上争论不休，甚至让你感觉到他们正在按着他们的想法操控你，但是这个时候你一定要记得，没有人比你更了解你自己。唯一正确的那个答案，需要你通过努力、耐心、自律和坚持共情来找到。

共情能够为我们所面临的问题或者困难找出每个人各自的答案，因为共情尊重我们每个人的独特性，并没有一个完美的标准答案，可以切合每个人的需求。

同样，当别人来咨询建议的时候，不论我们多么有智慧或者有经验，我们都要清楚，我们可以给予真诚的反馈，但并不能去决定别人的选择。

9. 留意不一致的言行，那是一种明确的信号

一致性是评估我们自己或者他人性格的一种重要方式，所以抵御共情阴暗面的第九步就是要留意前后不一致的言行。

如果有的人一会儿充满爱意，下一刻又变得很自私；或者开始的时候很善良，突然间又很不顾及他人；有时候很深思熟虑，然后又莫名其妙就会粗心大意。如果我们发现这明显是个重复的模式，那么共情就会提醒我们需要多加小心。

因为我们发现，不管出于什么原因，当我们在过度关注于自己的需求和渴望时，就很容易表现得不一致。因为当情况符合我们的需求时，我们就变得善良体贴；但一旦情况不符合我们的需求时，我们就会暴露出自私和粗心的各种行为。

我们偶尔都会出现不一致的行为，但是如果持续的不一致行为形成一种模式，就表明了共情的缺失。因为共情需要我们愿意投入时间和能量去理解他人的想法和感受，缺乏行为的一致性的时候，共情的力量就会流失。

所以，抵御共情阴暗面的很重要一点就是去注意观察我们所处的关系中的一致性。如果刚刚认识一个人，可以留意他做事的方式。观察这个人是如何对待服务员、公共汽车或者出租车司机，以及在超市里跟他一起排队的陌生人的。这个人对下属和对上司都是同样地关心和体贴吗？他是不是当面对他的朋友很友善热情，但是接下来几天又一直说他们的坏话？这个人是对一天里遇到的每一个人都很敏感、细心、善解人意，还是只对他自认为有用的人才会这样？

我在咨询的过程中经常会遇到这样的来访者，我曾经有个来访者叫朱朱，她经常对我抱怨说她在生活中付出很多，但获得的却非常少。她说她感觉到

每个人都在利用她，却没有人愿意花一点点时间来听她说话，她最常说的一句话是"生活真是太让人讨厌了"。

有一次在过新年前的一个月左右，朱朱告诉我她感觉情绪很低落，需要额外增加一次咨询。我查了我的日程安排，并没有任何空余的时间，但是我向她保证，如果有了空余时间，我会给她打电话。

结果，她每一天都给我打电话，问有没有人取消了咨询的安排，同样我都会告诉她没有人取消预约，但是我没有忘记她的要求，如果有人取消的话，我就会给她打电话。就这样持续了一个星期之后，有一天我外出参加一个活动，没有接到朱朱的电话。第二天上午，我的助理告诉我，朱朱取消了之后所有的咨询。她对我的助理说："对她来说，别的病人都比我更重要，我要去找另一位咨询师了。"

我们有时候留心观察就会发现，人们描述或者定义自己的模样和在现实生活中做事的方式之间会有区别，这就是我想强调的不一致性。我们都知道用嘴说比实际做到要容易多了，我们有时候也会时不时地表现出一些不一致的地方，尤其是在承受很大压力的时候。但是，如果不论是在艰难的时候或者平和的时候，不一致性都持续出现，成了一种可以预测的模式，那么我们就要留心这是一种明确的信号，表明这个人很难真正说到做到。

10. 记住，共情不是善良的同义词

我们有时候会发现自己非常善良，充满同情心，对他人的痛苦也一样能够感同身受，甚至因为别人的痛苦让我们自己的生活也变得乱七八糟，那么就一定要记住，抵御共情阴暗面的第十步——共情不是同情也不是善良的同义词。

我们要记住，我们的善良或者宽容是有边界的，我们常常并不自知，以为是善良的举动，却是在不断放纵和包容那些对我们和他人都不利甚至有害的行为。有时候我们会看到身边被丈夫虐待的妻子，被子女毒打的老迈的父母，或者容忍我们的朋友恣意地伤害或者侮辱我们，我们以为我们在展示我们的善良，但恰恰是这份善良，让那些懂得利用共情的阴暗面的人来利用和操控我们。

所以即使是善良也要有尊重的边界，不然只会削弱共情的力量。另外一种情况是我们常常会误以为我们的善良就是共情，以至于我们会把对他人的同情误以为是共情。

我有一个朋友，她有一天来问我，她说她为别人付出了许多的时间和精力，她帮助了很多需要她帮助的人，但是她的另外一个朋友曾经有一次却很严肃地问她："你真的善良吗？"她感觉自己受到了冒犯。

我让她说得更具体一些，于是她告诉了我一个故事：她说她有一次去看望一位患有癌症的朋友，她当时说了一些安慰她的话，表达了对她生病的遗憾，但同时她也和她聊了许多现在社会上的癌症患者的情况，还告诉了她许多人是如何靠自己的努力战胜癌症的。她鼓励这位患了癌症的朋友去看看还有更多比她更悲惨的人生，这样会感觉好受一些。然后那位朋友就婉转地向其他的朋友表达了希望我朋友不要再去看望她的意愿，这让我的朋友完全摸不着头脑，她甚至不知道自己在哪里得罪了她。

我们很少能够区分我们自己的同情情绪意味着跟别人一起感受痛苦，一起体验情绪，但是我们在同情对方的时候依旧是站在自己的立场上。当我的朋友去看望那位患了癌症的病人的时候，她自己都没有意识到她的话语中充满了她的傲慢和偏见。

在我们的沟通中，她慢慢发现，她并不是真正愿意为他人去付出，只是因为她希望听到别人对于她的善良的夸赞，所以她常常主动去承担许多事情。她也意识到，如果她一直有这样希望被别人夸赞善良的需求，那么她的注意力也将会集中于这个需求，而看不到事情真正的真相。

如果我们过分同情别人的话，可能是因为我们曾经有着类似的情绪体验让我们记忆深刻，从而将我们的专注力更多放在了相关的事件上。我有一个朋友和他妻子关系很不好，他去找了一位中年离异的咨询师，那位咨询师在听了我朋友的描述之后，很快给了他非常直接的建议，不要再继续这段婚姻了。当我问道他是什么感受的时候，他告诉我他感觉咨询师并没有真正在听他到底说了什么，只是凭着他的经验给予一些意见，显然这并不是共情。

共情并不总是给出我们想要听到的答案，事实上，共情的强大在于它总是尽可能地忠于事实的全部。虽然每个人体验到的事实可能都不一样，但是我们都在寻找着生命的意义和目的。

我们的生活中也有许多共情阴暗面存在，并且不断诱惑着我们，有时候甚至会让我们的目标，在失衡、困惑、迷失或者绝望中待上几个月甚至更久。

共情阴暗面不仅对我们的身体造成伤害和威胁，而且也会对我们的内心世界和精神造成伤害，这样的伤害更为常见，也更难以忍受。

所以我们要学会共情，因为共情能教会我们如何避免平时言行中的欺骗，来保护自己和我们身边的人。相信我们可以通过共情的力量，最后发现我们是谁，我们想要成为谁。

共情的神奇力量我是深有感受的，在这本书的最后，我特别想感谢我的老师，在我最无助彷徨、不知所措的时候，他给了我非常大的力量。

每一次当我能够想念起他的时候，无论我处在怎么样的困境中，我都能够感受到他所充满的温暖、安定、慈悲的力量，这个力量同样会充满我的内心，让我又有能力重新审视我所面临的各种情况。

在我记忆中老师的家，那个小小的房间里，时间仿佛是静止的，他就坐在那个椅子上，而我在他的旁边。在他面前，我可以完全地放松我自己，因为我知道无论我是什么样子的，他都会完完全全地接纳我。

在老师身边的时候，我学会了完全诚实地面对自己，完全接纳我的优点和我的缺点，不需要丝毫的伪装。我的焦虑、压力和紧张在他的面前都是不存在的。我特别喜欢待在他的身边，因为那个时候，我的身体会自然地和他产生共情，我的呼吸会自然地和他同频，我们身体和思想的每一次振动似乎都是一样的，他的巨大的共情的能量能够完完全全地包围着我，让我感受到温暖和安定。

我们并不是独立面对着这个世界，我们的情绪会互相感染，我们的经历也在互相影响，通过情绪、语言、观念、行为不断和外界进行着交流和融合，如果我们能够真正意识到我们并不是那么独立的个体的时候，我们的不安全感在一定程度上也就得到了缓解。

我在我的老师身边学到了很多，他告诉我，如果当我们的目光不只局限于自己，我们自身所体验到的各种情绪，比如恐惧、焦虑和痛苦的感受，都会自然而然地减少。

那是因为当我们的注意力能够稍微关注到他人的时候，共情就会帮助我们看到更多的事情的真相和全局，我们会发现一些新的线索，产生一些全新的视角，来帮助我们理解生命中所存在的那些困难，甚至重新审视我们的整个生命，从而获得新的希望。

希望通过这本书，我们都能逐渐学会使用共情的力量，不仅帮到自己，更可以帮助到身边的人，甚至我们所不认识的那些人。

共情可以帮助我们理清过去和现在，了解我们当下的情绪，我们可以通过共情真正清楚地知道，这一生所追寻的目标或者使命。当我们能够认识到面前所呈现的清晰的人生道路的时候，我们就不会只着眼于目前所受到的困难和障碍了。共情让我们可以以一种更加饱满的热情投入生活，让我们有限的生命变得更有意义。

同样，共情可以让我们更好地理解其他人，当我们解读问题的视角变得更加宽阔的时候，自然会表达出我们的善意和宽容，我们既可以知道可以付出什么，也可以知道我们的界限在哪里，共情帮助我们将生命中所遇到的每一段关系，带向稳定、和谐和爱。

共情具有非常大的力量，我特别希望能够将我所学到的这种力量传递出去，但是共情还有更多我所不能了解和完全表达的部分，希望我们所有学习和使用共情的人在以后的时间里可以一起探索、不断交流，甚至有时候我会怀疑共情的力量是否强大到就是我们生命本源的力量。

如果这本书真的可以稍微帮助我们缓解一下都市生活的焦虑，或者帮助我们探索内心世界，如果这本书可以启发我们去探索更多自身所具有的潜能，如果这本书可以让我们更开放，和过去的自己和解，如果这本书能够缓解我们与周围的各种关系，让我们能够更从容地面对生活，那么我希望这样的影响可以更广大一些，可以帮助更多的人。

因为我在我最爱的亲人离开我的时候，确实从共情中得到了许多的帮助，我的亲人在最后离开的时候，也充满着祥和与宁静，我不得不说这是共情所展现的神奇力量。

对于死亡我们总是充满了许多未知的恐惧，甚至当医生宣布这个人没有救的时候，我们会被恐惧所打倒。那是因为我们把所有的注意力都集中在了恐惧上，再也没有办法看到其他，甚至我们的生命在那一刻就结束了。

在我亲人的身上同样也发生了这样的情况，当她知道她时日无多的时候，她非常恐惧，不知道该怎么度过她剩下的日子。她告诉我她希望我能够陪伴在她身边，因为她认为我可以稍稍缓解她对于死亡的恐惧。

如果不因为过度恐惧而把我们的视角完全集中于死亡之上的话，那么我们就会发现还有没有理清的这一生，没有来得及告别的子女和没有忏悔的自己，我们还有许多事情需要在最后的时刻去做。

共情会让我们打开视角，在最后的时候用一种全新的方式来看待我们的一生，曾经我们所看重的那些物质在这一刻都不再影响我们。我们几乎可以用一种全然没有执着的方式来审视我们的人生。

我清楚地记得，在我陪伴她走过人生最后阶段的那段日子里，我们天天在一起回忆她一生中所经历的事情，那些她曾经帮助过的人，或者让她产生愧疚的事情，那些她经历过的苦难而产生的委屈，还有她所放不下的子女。

我们试着一同去回到每件事情当时发生的场景，我告诉她，无论她要面对的是什么，请她想象我都会一直陪伴着她，共情帮助我更好地去倾听她所说的每一句话。

当她把那些愧疚说出来的时候，她也同样明白了那个时候她的无从选择，她知道她不会再这样去做，也知道通过她真诚的忏悔，她确实可以获得原谅和宽恕，她可以放过她自己了。

当我们一同回忆到那些她帮助过的人的时候，她得到了很大的一种满足，她的这一生变得充满意义，我告诉她，我非常非常感谢她，她让我能够有今天，能够有能力去帮助更多的人，她说她很高兴，她的人生并没有白白度过，没有什么比这更重要的认可了。

我们也一同回忆了那些让她感受到极度痛苦的体验，那些她所经历的苦难和记忆中无法原谅和释怀的人，即使在当时她承受了她所不能承受的巨大伤害，可是等到这个时候再来回忆，她发现她终究可以站在另一个其他的角度来看待这一切，她得到了一种从未有过的释然。

因为她的子女没有人敢告诉她，她快要离开这个世界了，她们依旧选择欺骗而不是共情，所以她也无法向子女表达她对于死亡的恐惧，她只能通过非常隐秘的方式向他们告别。

很多个日夜，我陪在她的病床边，听她告诉我很多关于人生的收获，她说她虽然依旧恐惧，但是她也知道她已经完成了她的这一生。一直到她最后的离开，她都在用她的生命展现给我看，共情对于生命所展现出来的巨大力量，以及在我们生命的最后阶段所能给予的巨大帮助。

我非常感恩我的生命中所出现的所有帮助过我的人，不论他们是通过什么方式，虽然有一些人似乎是以某种给我带来烦恼的样子出现在我面前，但是也正是他们教会了我宽容的界限，实践共情的可能，他们给了我更多不同的角度去理解我所经历的一切，从而给了我成长的机会。

同样我更加感恩那些在我低落和困难的时候，直接给予我帮助的人——

我的老师和其他太多太多的人，如果我们有两种方式来传递光明，那么一种是像蜡烛一样，点亮这个世界；另外一种就是像镜子一样，将我们所接受到的光明通过反射传递到更远的地方。